给更多孩子带来天文启蒙是我的使命。

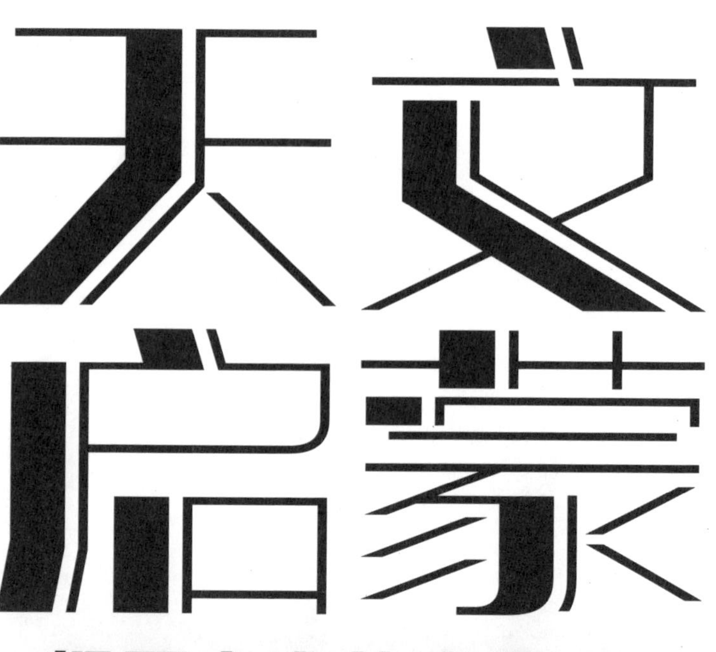

天文启蒙

揭开宇宙的奥秘 II

冯克东 著

天津出版传媒集团
天津科技翻译出版有限公司

01

图书在版编目(CIP)数据

天文启蒙 : 揭开宇宙的奥秘. Ⅱ / 冯克东著. 天津 : 天津科技翻译出版有限公司, 2024. 11. -- ISBN 978-7-5433-4568-3

Ⅰ. P159-49

中国国家版本馆CIP数据核字第202454DA45号

天文启蒙:揭开宇宙的奥秘Ⅱ

TIANWEN QIMENG : JIEKAI YUZHOU DE AOMI Ⅱ

出　　版:天津科技翻译出版有限公司

出 版 人:方　艳

地　　址:天津市南开区白堤路244号

邮政编码:300192

电　　话:(022)87894896

传　　真:(022)87893237

网　　址:www.tsttpc.com

印　　刷:崇阳文昌印务股份有限公司

发　　行:全国新华书店

版本记录:710mm×1000mm　16开本　12.5印张　240千字

2024年11月第1版　2024年11月第1次印刷

定价:98.00元

作者简介

冯克东，抖音最受青少年和家长喜爱认可的百万粉丝科普博主之一；西瓜视频、今日头条优质科学领域创作者；海豚知道特邀天文启蒙老师。

通过其自媒体“科学也疯狂”讲述的作品播放总量超10亿次，天文科普直播累计观看超1亿人次。多次受邀到幼儿园、小学讲授天文启蒙课程，为数千名青少年举办过天文科普讲座，其专业性和亲和力受到众多青少年和家长的喜爱与认可。作者致力于让更多孩子接触到学校、家里没有的天文启蒙。

获取更多知识

抖音搜索“科学也疯狂”或扫描下方二维码，探索更多天文宇宙的奥秘。

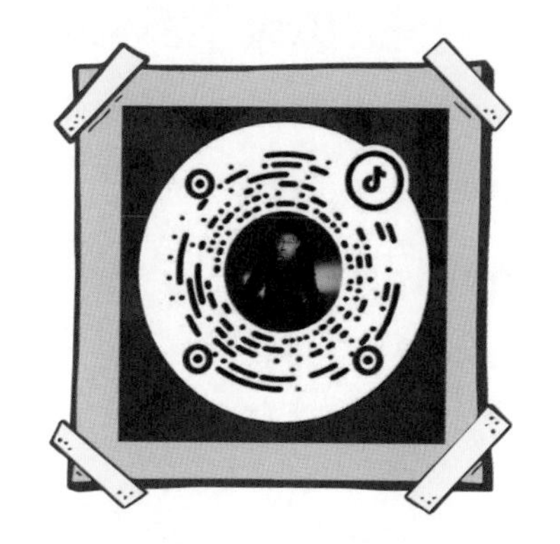

来自童心的宇宙谜题 Ⅱ

1. 黑洞和黑洞碰到了会发生什么？ —— 谢宇晴，18岁，来自湖北
2. 宇宙里有外星人吗？ —— 多　多，8 岁，来自广东
3. 宇宙的尽头还有其他生命体吗？ —— 张涵煜，16岁，来自山东
4. 脉冲星是怎么在宇宙里给人类指路的？又是怎么形成的？ —— 刘玉佳，12岁，来自新疆
5. 黑洞的伽马射线是怎么形成的？能射多远呢？ —— 张乐章，11岁，来自山东
6. 宇宙和人体之间到底存在哪些相似奥秘？ —— 龚建平，18岁，来自广东
7. 宇宙最终必然会热寂吗？ —— 东　东，12岁，来自湖南
8. 暗物质和暗能量，在宇宙中扮演了什么样的角色？ —— 牛其超，16岁，来自山东
9. 宇宙到底有多大？ —— 蓝的好，20岁，来自广东
10. 最大的星系在哪儿？ —— 聪　聪，13岁，来自河北
11. 是黑洞的能量大还是超新星爆发的能量大？ —— 楚　楚，14岁，来自山东
12. 通过黑洞，真的可以实现时空穿梭吗？ —— 迟于易辰，9岁，来自山东
13. 目前找到与地球相似的星球有哪些？最近的距离是多少？ —— 名宏义，18岁，来自北京
14. 北斗七星为什么会按照四季变化在旋转？ —— 常梓洋，8 岁，来自山东
15. 宇宙大爆炸之前，有物质存在吗？ —— 付　晨，13岁，来自新疆

前言

从古至今，人类从未停下寻找生命答案的脚步，为此人们曾无数次带着问题仰望星空，什么时候适合播种？流星划过天际预示着什么？月亮盈亏与潮汐有何关联？所有的问题都指向一个共同的愿望，那就是洞察自然规律，让生活更加美好，让文明不断进步。

天文学研究的对象虽然距离我们很遥远，但又和我们的生活息息相关。当我们抬头仰望星空的时候，我们看到的不仅仅是闪烁的星光，更是古人智慧的结晶，例如，天干地支纪年法、二十四节气、二十八宿、八十八星座等。

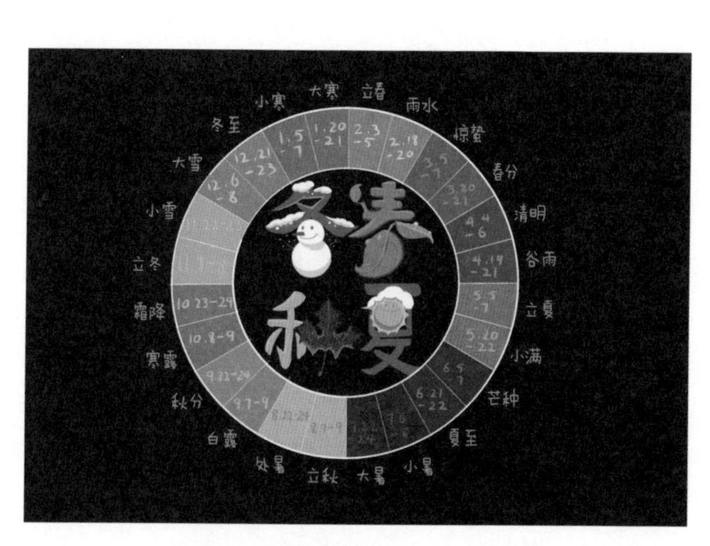

中国古人智慧的结晶——二十四节气

人类为什么要探索宇宙呢？要知道，我们现在所使用的Wi-Fi、天气预报、导航系统、高铁技术等，都是基于探索宇宙太空所实现的。人类之所以要探索太空、更广阔的宇宙，是因为这样做不仅能够开阔我们的眼界，同时还能让我们对人类的未来有更好的规划。对宇宙的研究越深入，越会让我们感觉到人类的渺小，同时也激励着我们不断地学习和前行，从而让地球生命更好地生存和延续下去。

当然，对未知的探索本身就能带给人们愉悦和敬畏！

有一张著名的照片，名为“暗淡蓝点”。那是1990年，旅行者1号在距离地球约60亿千米处的宇宙深处拍摄的。在这张照片中，地球，这个我们称之为“家园”的星球，只是一个微小到几乎看不见的淡蓝色像素点。正是这微不足道的一点，承载着整个人类的历史、文明、爱与恨、希望与梦想。当我们凝视着这个“暗淡蓝点”时，才会惊觉人类的渺小。人类在地球上繁衍生息，自以为主宰着一切，然而在宇宙的尺度下，地球都不过是一粒尘埃，更何况是生活在其上的人类呢？地球，这颗孤独地飘浮在宇宙中的蓝色星球，是我们人类唯一的依靠。我们所经历的风雨、所创造的辉煌，我们所有的故事都发生于此。我们是如此之渺小，又是如此之伟大！

黑格尔曾经说过：“一个民族、一个国家要有一群仰望星空的人，这个民族、这个国家才有希望。”身为中国人，我们应该庆幸，因为我们生活在一个朝气勃勃的，对天文宇宙探索勇往直前、永不停歇的国家，我国的天宫空间站已经在太空组装完毕，很快，我们中国人就要实现载人登月、建立月球国际科研站、探索木星……

格物致知，叩问苍穹。人类要想去寻求真理和答案，还得去探索宇宙，这代表着人类的发展方向。

人类探索宇宙的脚步永远不会停止，因为在那浩瀚的星空中，隐藏着人类未来的希望和梦想，等待着我们去追寻、去实现。让我们向着星辰大海勇敢进发！

目录

第4章 奇妙的天文现象

第1章　出发，去银河系转转

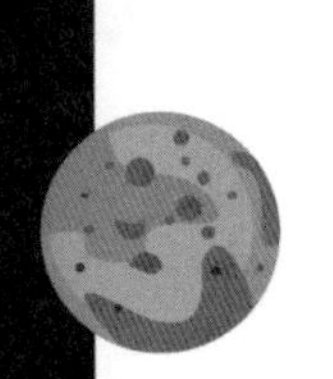

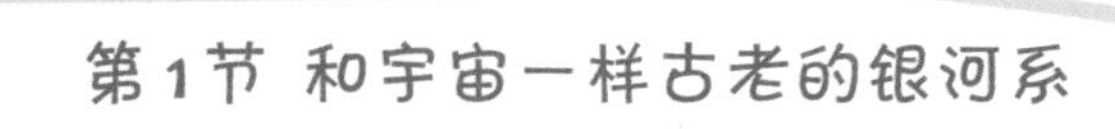

第1节 和宇宙一样古老的银河系

夏季晴朗的夜晚，找一个没有光污染的地方，你会发现除了满天的繁星外，最引人注目的就是那条横卧天际的银白色光带了。这条像河流一样的银色光带，就是银河。在我国古代，人们把银河看作天上的河流。我们的祖先给它起了许多好听的名字，例如，天河、星河、河汉等。如果用天文望远镜观察，就能看到银河中无数密集的恒星、星云和星际物质，而银河就是银河系的一部分。

现在，让我们走出太阳系，去银河系转转！

我们在天空中所看到的银河只是银河系的一小部分，因为太阳系也在银河系内，所以我们在地球上无法看到银河系的全貌。

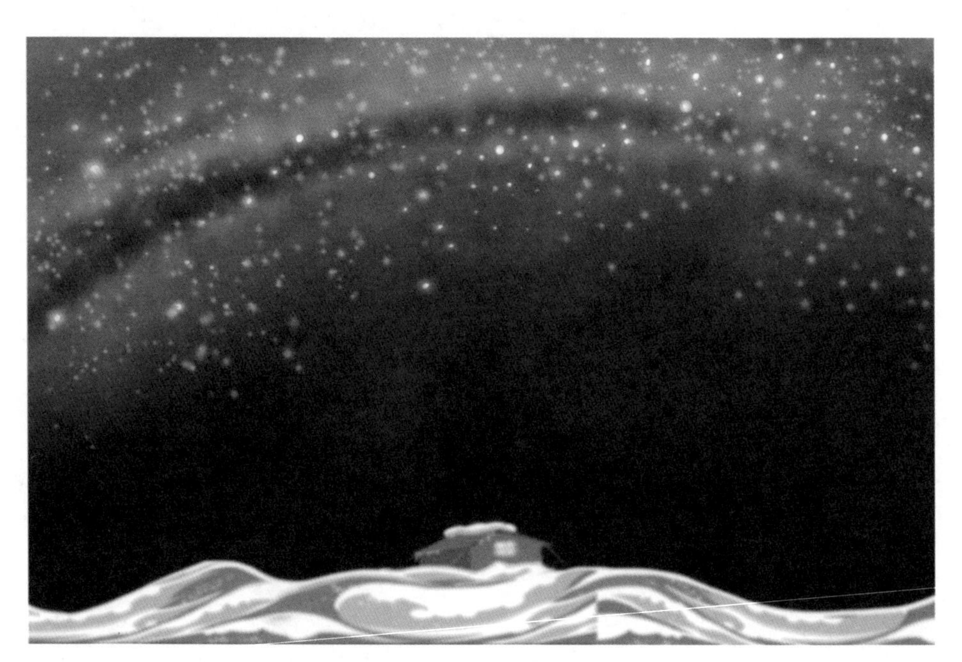

夜空下美丽的银河

银河系是太阳系所在的棒旋星系，呈椭圆盘形，具有巨大的盘面结构，包括1000亿～4000亿颗恒星和大量的星团、星云、星际气体、星际尘埃、黑洞以及大量不可见的暗物质，它的总质量是太阳质量的8900亿倍。

银河系中96%的可见物质为恒星，而由气体和尘埃组成的星际物质占可见物质的4%。银河系的直径达到了10万光年，没错，就是光穿越整个银河系需要10万年！虽然银河系非常大，但实际上，它只是宇宙中的一个星光岛，像银河系这样的星系，宇宙中有数千亿个呢！

我们的太阳系距离银河系中心约2.6万光年，位于猎户旋臂的支臂上，整个太阳系在太阳的带领下，以220～250千米/秒的速度围绕银河中心旋转，旋转一周需要约2.5亿年。科学家们怀疑地球上出现的剧烈环境变化可能与此有关。

银河系中的太阳系

科学家估算，银河系的年龄约为130亿岁，而科学界普遍认为宇宙大爆炸发生于138亿年前。也就是说，宇宙诞生后不久，银河系就出现了。只是刚诞生的银河系远远没有现在这么大，它像一条贪吃的蛇，不断地吞噬着周围的矮星系，扯出漂亮的星流，而星流在随着银河系旋转的过程中，慢慢地变成银河系旋臂的一部分。

银河系自内向外分别由银心、银核、银盘、银晕和银冕组成。银心，通常是指银河系的几何中心。银盘是银河系的主要组成部分，是一个由恒星、尘埃和气体组成的扁平盘。银盘外形如大圆盘，以轴对称形式分布于银心周围。银盘中心隆起的球状部分被称作核球，核球中心有一个很小的致密区，被称作银核。

银晕是银盘外围由稀薄的星际物质和少量恒星所组成的球状区域，这些恒星年龄较老，接近于银河系本身的年龄，银晕中的恒星围绕着银盘运动。银冕是在银晕之外更遥远的巨大球状区域，主要由高温稀薄的气体组成，其范围可以延伸到距离银心数十万到上百万光年的地方。

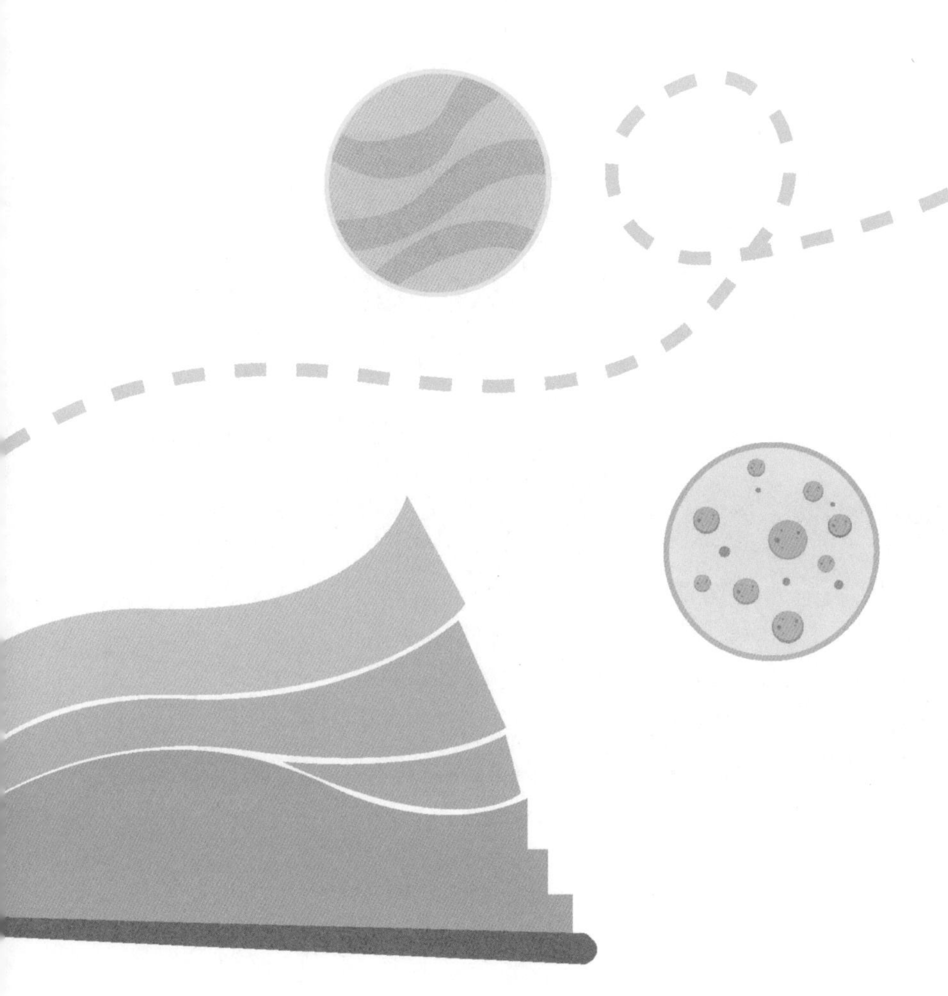

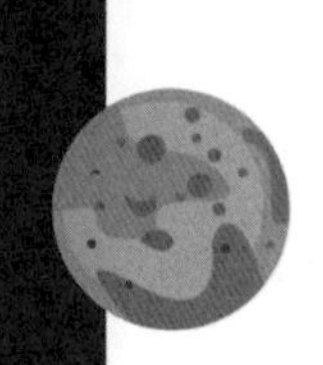

第2节 银河系的“心脏”——银心大黑洞

整个银河系的所有天体都在围绕银河系的中心旋转，银河系的中心到底是什么？竟然有这么大的引力？

我们知道，银河系物质的主要部分组成一个薄薄的圆盘，叫作银盘。银盘中心隆起的近似于球形的部分叫作核球，在核球中心有一个很小的致密区，叫作银核。

而我们所说的银心通常是指银河系的几何中心，是银河系的自转轴与银道面的交点。银心除了可以看作一个几何点外，它的另一层含义是指银河系的中心区域。银心大黑洞就位于这一区域内。

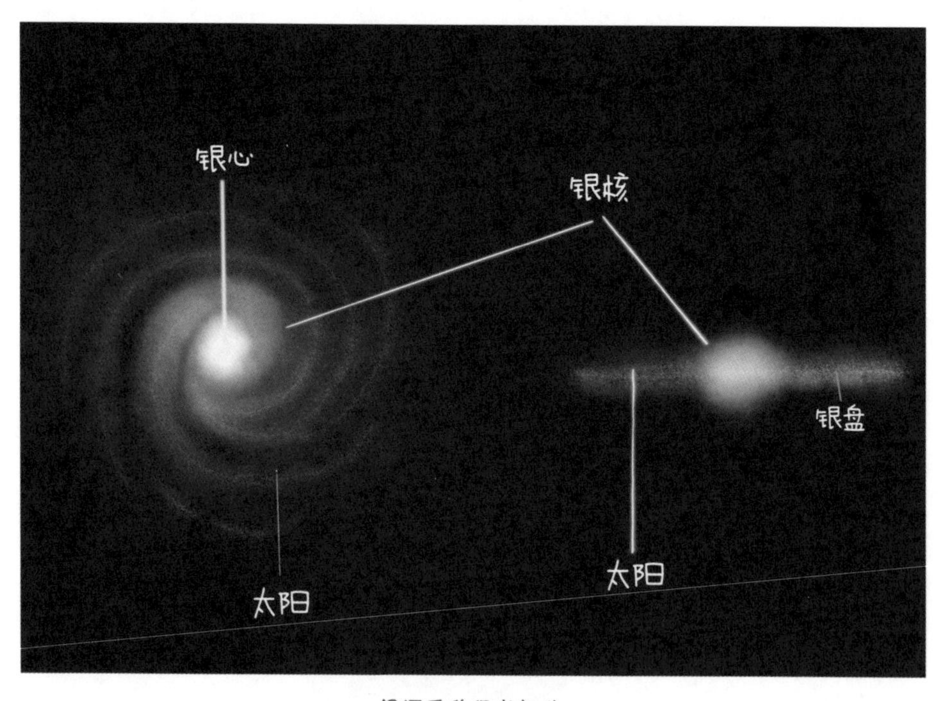

银河系的组成部分

2022年银心黑洞照片的发布，让我们更清楚地看到了黑洞的模样，银心超大质量黑洞名为人马座A*，而在照片发布之前长达20年对银河系中心星体的观测

中，天文学家已经根据在人马座A*旋转的恒星运动规律，推测出人马座A*的质量约为太阳的430万倍，距离我们2.6万光年。

银心大黑洞想象图

这样的质量也保证了它拥有着强大的引力，可以将包括恒星在内的天体捕获，令它们老老实实地围绕在自己身边，如同“士卫”一样为银心“保驾护航”。

还记得前面讲过的银河系有多少颗恒星吗？1000亿~4000亿颗。整个银河系的总质量约为太阳质量的8900亿倍（包含暗物质），而银心黑洞的质量却只是太阳的430万倍，可见银心黑洞的质量不过是整个银河系的0.000 483%，这个占比实在太小了。

那么问题来了，占比这么小的银心是怎么束缚住整个银河系的呢？科学家们猜测，可能束缚整个银河系的并非只是银心黑洞的作用，而是中心恒星及周围恒星质量的叠加作用。

打个比方，银心黑洞是老师，管理它周围的是恒星委员们，而这些恒星委员又管理着更外围的恒星学员，恒星学员则吸引着更多的恒星学员加入银河系这个班集体。于是，银河系便在不停地壮大。

可即便是这样，引力也许还是不够。想一想，我们在前面是不是讲过暗物质？科学家们通过研究和分析认为，银河系里的暗物质也发挥了不可替代的作用，它像一副看不见的骨骼一样，支撑和束缚着整个银河系，避免银河系在高速旋转中散架。

人马座 A*，直径达到了 4400 万千米，质量是太阳的 400 多万倍，在它附近布满了致命的辐射，就像无数光剑交叠在一起，炙烤着周围的时空。它的引力非常强大，以至于银河系内上千亿颗恒星都在围绕它旋转，靠近它的恒星更是没命地转，一旦慢下来就会被它吞噬！

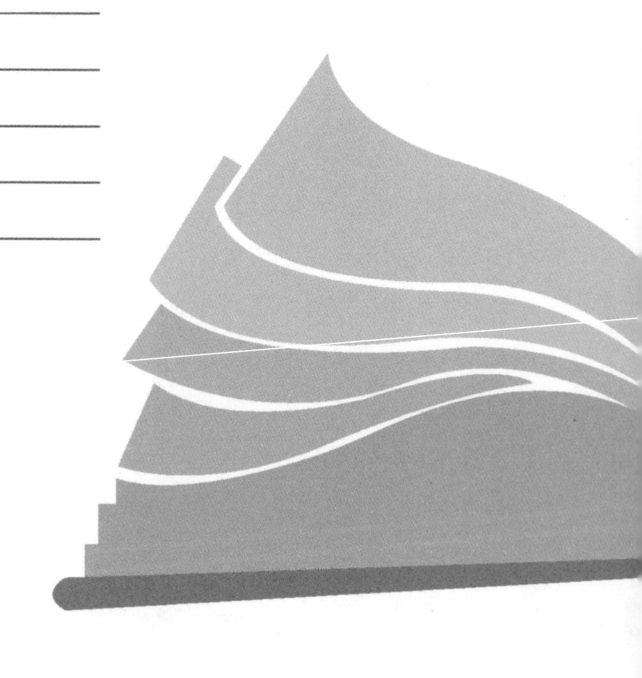

银心大黑洞周围布满了大量的老年恒星，这些恒星很多都是在宇宙形成初期诞生的。这里充满了大量对人类致命的射线，如伽马（γ）射线，所以银河系的中心环境极其恶劣和恐怖！

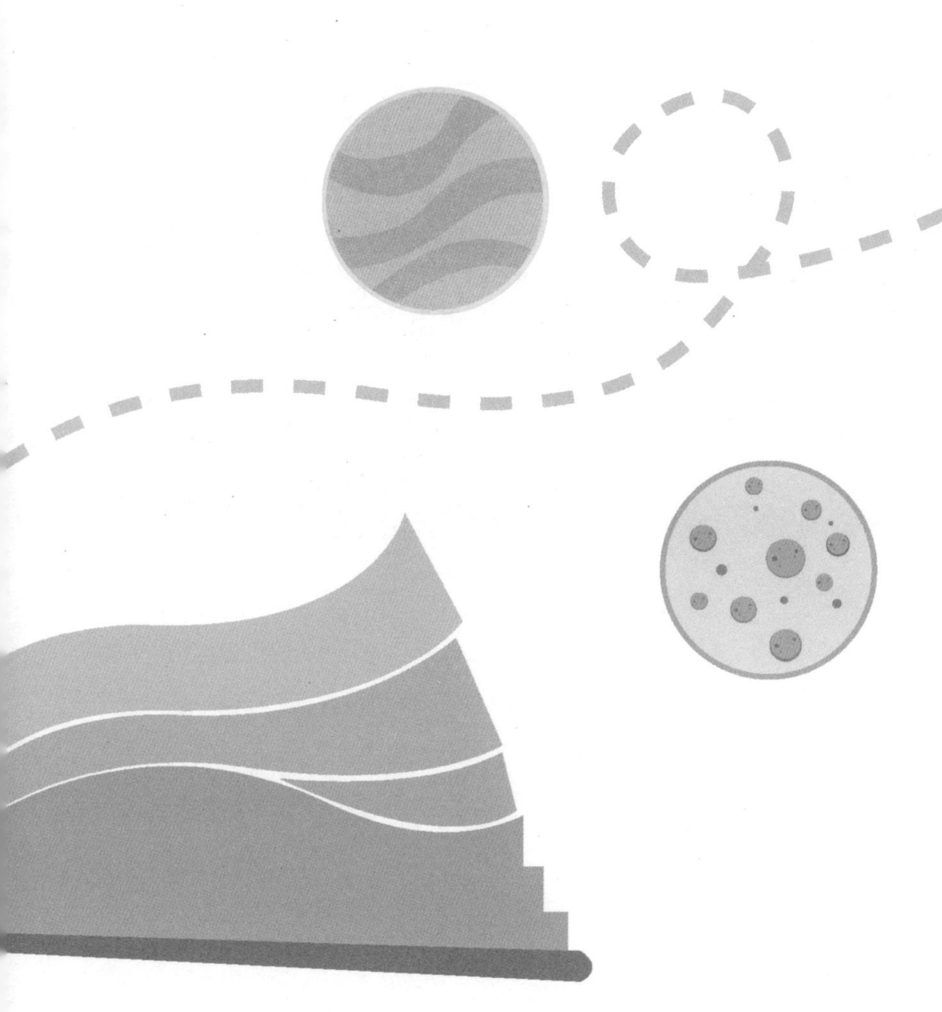

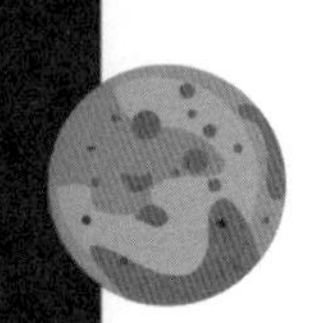

第3节 像章鱼一样的银河系旋臂

如果你能飞到银河系的上空，会发现银河系像一只巨大的章鱼，中心突起的部分类似章鱼的头部，几条类似章鱼腕足的“长臂”从中心部位旋转出来，天文学家将这些“长臂”称为“银河系旋臂”。

章鱼一样的银河系旋臂

银河系又被称为棒旋星系，有多条旋臂，旋臂是由从星系的核心延伸出来的漩涡和棒涡组成的区域，主要是由星际物质组成，含有数不尽的蓝白色年轻恒星，散发着明亮的光芒，这些恒星周围也有气体和尘埃。

银河系有4条主旋臂，分别是猎户座旋臂、英仙座旋臂、人马座旋臂和三千秒差距臂，每条“手臂”都由难以计数的恒星、星云、尘埃、气体、星团等组成。我们生活的太阳系在猎户座旋臂内，位于人马座旋臂和英仙座旋臂之间，当我们抬头仰望夜空，那条淡淡的银河就是英仙座旋臂。

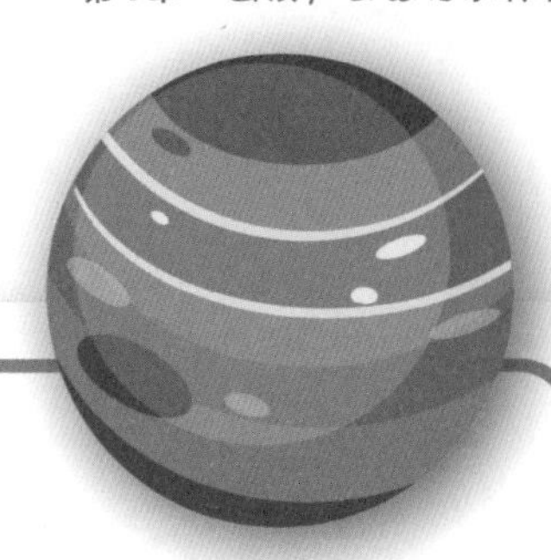

也许你看过很多张关于银河的照片，你是否注意到它上面仿佛有一些黑色的云彩？其实那是大面积的尘埃云，它们挡住了银心向外散发出来的光辉，不然我们会看到更明亮的银河呢！虽然看起来银河离我们不算远，但实际上，它离我们最近的距离是6370光年！那个超级漂亮的蟹状星云就在英仙座旋臂上，离我们约有6500光年。

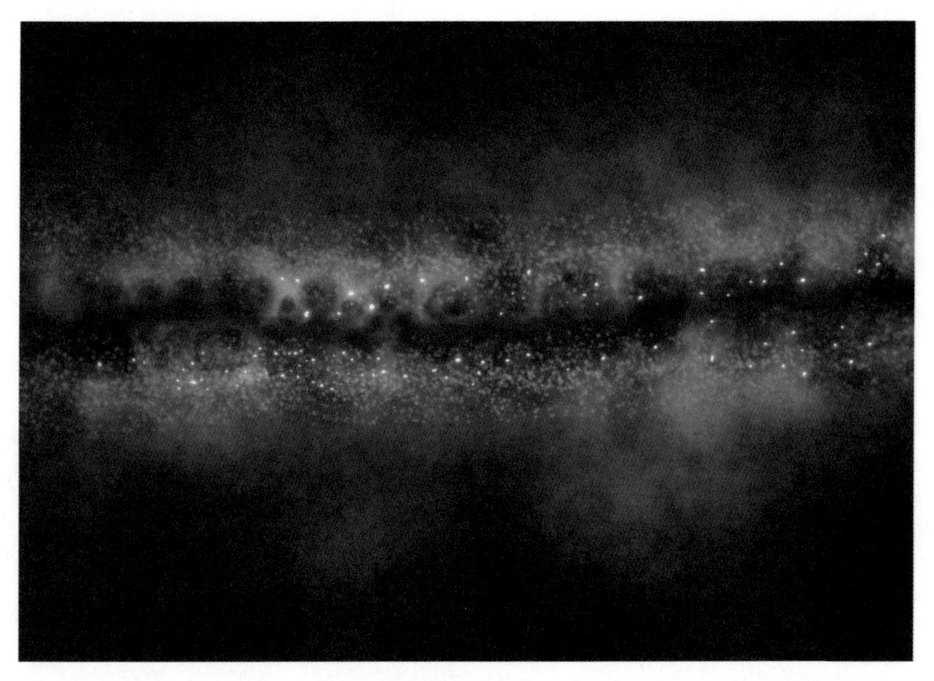

银河系的尘埃云

旋臂是银河系里新恒星诞生的摇篮。银河系每年都会有约10颗新恒星诞生，每100年至少会有一颗恒星老化。银河系很多新生的恒星就出现在这些旋臂上。但是恒星并不是永远停留在旋臂上。

这里涉及一个恒星的运动问题。恒星按照近似圆形的轨道围绕银河系中心旋转。在运动过程中，恒星将进入某一个旋臂，然后再从另外一个旋臂中飞出。

恒星进入旋臂后受到其余恒星的引力而减慢了速度。同时，速度的减慢又使恒星们像堵车一样挤在一起，导致引力场加强，又抛出一些恒星，所以旋臂图案一旦出现，在引力的作用下，它将会一直存在并维持下去。这也能解释旋臂的形成原因。

前面说到太阳系在猎户座旋臂上，距离银心大约2.6万光年，依据一些推测发现，太阳系围绕银河系中心每公转一圈，我们靠近银心的距离就会缩短2000光年。如果这个推测是正确的，按照这个速度，也许33亿年后，太阳最终将坠入银心黑洞，而地球也将不复存在。

你还记得太阳的寿命是多少年吗？对，100亿年，而太阳已经燃烧了约46亿年。所以如果上述推测正确，也许太阳还没变成白矮星，就已坠入了银心黑洞。当然这是另一种推测而已，并没有被证实，即使是真的，也不用担心，因为那是很久很久以后的事啦！也许那时的地球生命早已经冲出太阳系，找到了更宜居的星球了呢！

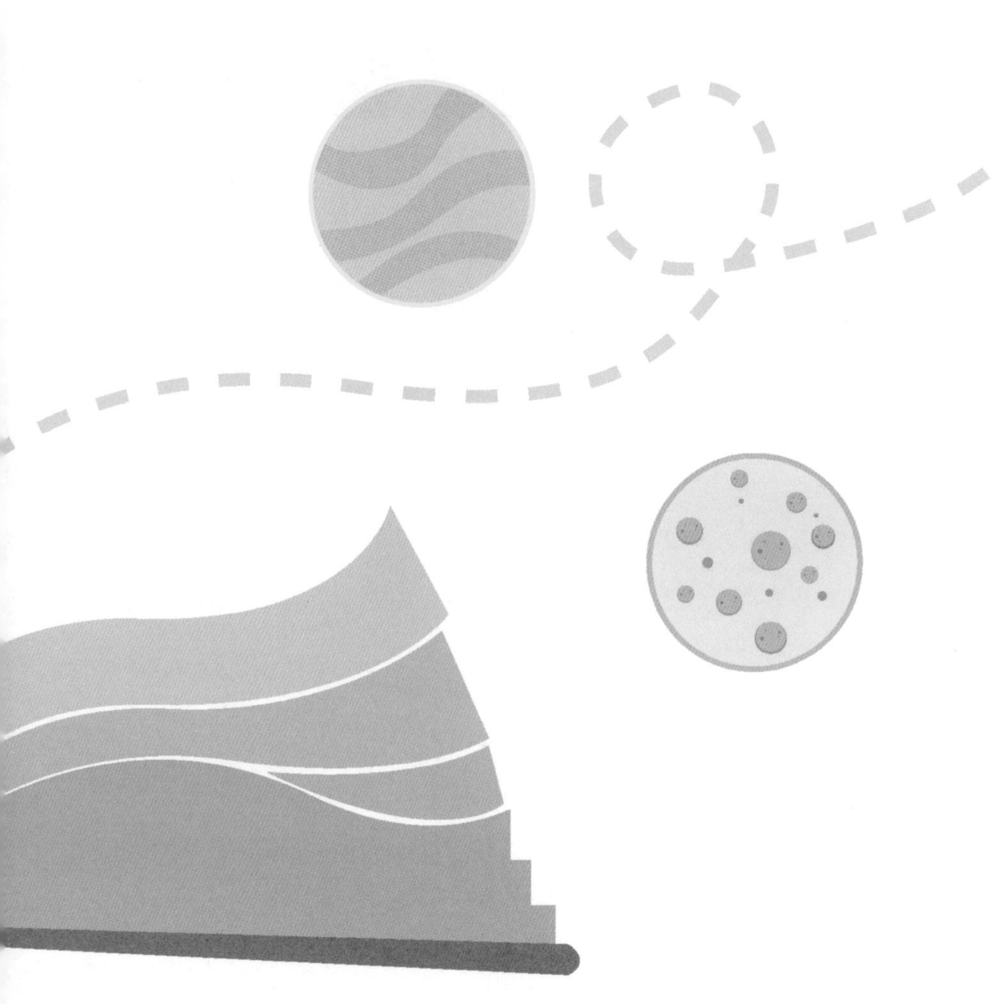

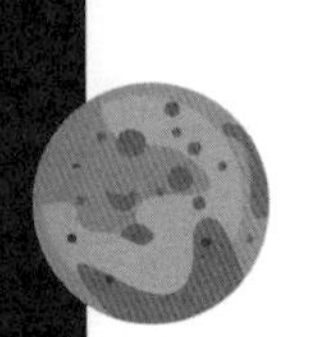

第4节 最美的云雾状天体——星云

查尔斯·梅西耶
（法国天文学家，1730—1817年）

在广袤的银河系中，不仅有大量的恒星和黑洞，还有许多非常漂亮的云雾状天体，它们在银河系的旋臂中尤为密集，这些天体就是星云。

1758年8月28日晚上，一位名叫梅西耶的法国天文学家在巡天搜索彗星的观测中，突然发现在恒星间有一个云雾状斑块，这个斑块的形态虽然类似于彗星，但它在恒星之间的位置没有发生变化。梅西耶根据经验判断，这个云雾状斑块不是彗星，而是当时未知的某种天体。经过长期的观察核实，天文学家将这些云雾状天体统一命名为星云。

为了纪念梅西耶的这一发现，人们使用梅西耶名字的开头字母“M”，作为星云编号的第一个字母。

那么，星云是由什么物质构成的？都有哪些种类呢？

星云是由星际介质中的气体和尘埃组成的巨大云团，这个巨大云团通常由气体尘埃、氢气、氦气和其他电离气体组成。

以形态分类，星云可以分为弥漫星云、行星状星云、超新星遗迹。

弥漫星云没有明显的边界，常常呈现不规则形状，犹如天空中的云彩。著名的弥漫星云有M78星云、猎户座大星云、马头星云等。

行星状星云的形状呈圆形、扁圆形或环形，因为有些行星状星云与行星很相像，因而得名，但其实它和行星没有任何关系。行星状星云实际上是由类似于太阳质量的恒星在“死亡时刻”向周围喷射气体形成的，其样子有点儿像吐出的烟

圈。在行星状星云的中心位置往往有一个“亮点”，这个亮点见证了这颗恒星的死亡，当这颗恒星走向生命尽头时，剩余的这个“亮点”就会转化成一颗白矮星。

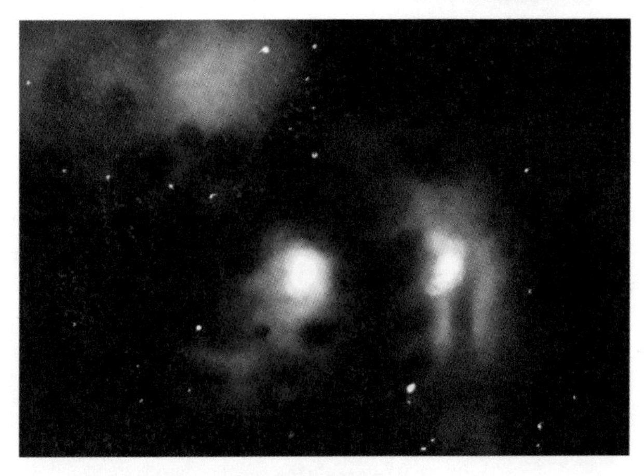

M78星云

著名的行星状星云有猫眼星云、蝴蝶星云、哑铃星云等，这类星云的体积在不断膨胀中，随着时间的流逝，它们会逐渐趋于消散。行星状星云的寿命相对短暂，它们通常会在数万年内逐渐消失。

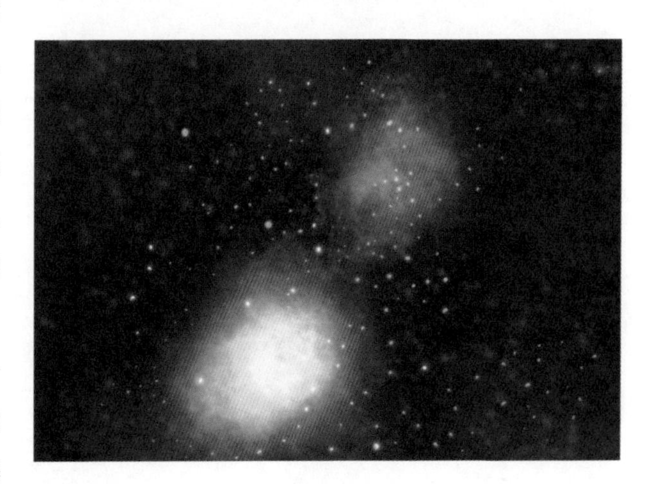

七色祥云N55

超新星遗迹也是一种星云，它们是由质量更大的恒星在超新星爆发时抛出的气体形成的，这些恒星的质量通常是太阳质量的8倍以上。超新星遗迹的体积也在不断膨胀中，最终趋于消散。最著名的超新星遗迹是蟹状星云，它由一颗在1054年爆发的超新星留下的遗迹形成，后来天文学家发现蟹状星云的中心是一颗脉冲星。

以发光性质分类，星云又可分为发射星云、反射星云和吸收星云。

发射星云能够通过其内部形成的年轻恒星散发光芒，被誉为“恒星的摇篮”，可以发射出五颜六色的光。最著名的发射星云是“七色祥云”N55，这是一个浑身散发着七色光芒的气体星云。鹰状星云及猎户座大星云也是发射星云。

反射星云是通过反射附近恒星的光线而发光的一种星云。著名的反射星云是猎户座反射星云NGC1999，它看上去就像一团被路灯照亮的雾气。

吸收星云俗称暗星云，具有密度高、温度低的特点，它既不发射光线，也不允许任何恒星及其他星云发射的光线通过，因为几乎所有的光线都被它吸收了。一般情况下，人类无法用可见光观测到吸收星云，而需要借助望远镜在其他电磁波波段才能探测到它。备受天文爱好者喜爱的马头星云就是一个吸收星云；另外，南半球的煤袋星云（因颜色像煤炭一样黑而得名）也是一个吸收星云，人们通过肉眼就可以在南半球的银河中发现煤袋星云的轮廓。

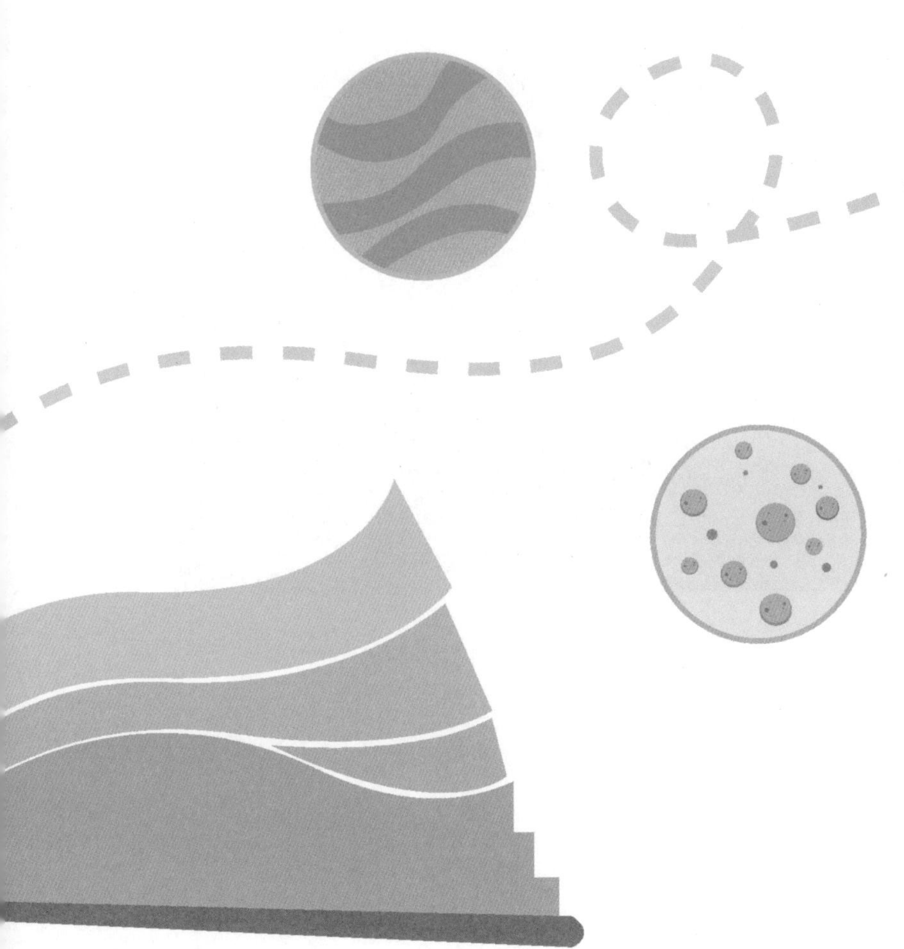

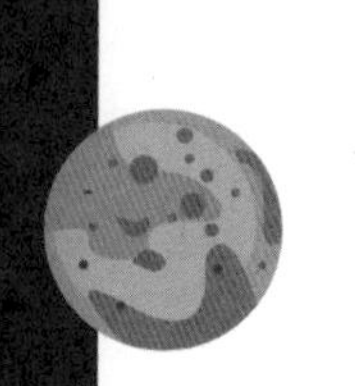

第5节 星座是怎么来的？为何在南北半球看到的星座不一样？

提到星座，相信你一定第一时间想起12星座，如金牛座、狮子座、天蝎座、双子座……你是什么星座呢？这12个星座属于黄道星座，是天球上黄道附近的星座，而其他星座则散布在天空的不同位置。

我们先来说一说星座的由来。古人为了方便在航海时辨别方位、观测天象或记录时间，用想象中的线条把一些主要的亮星连起来，把它们想象成动物或者人物，并结合神话故事，给予它们合适的名字，这就是最古老星座名称的由来。

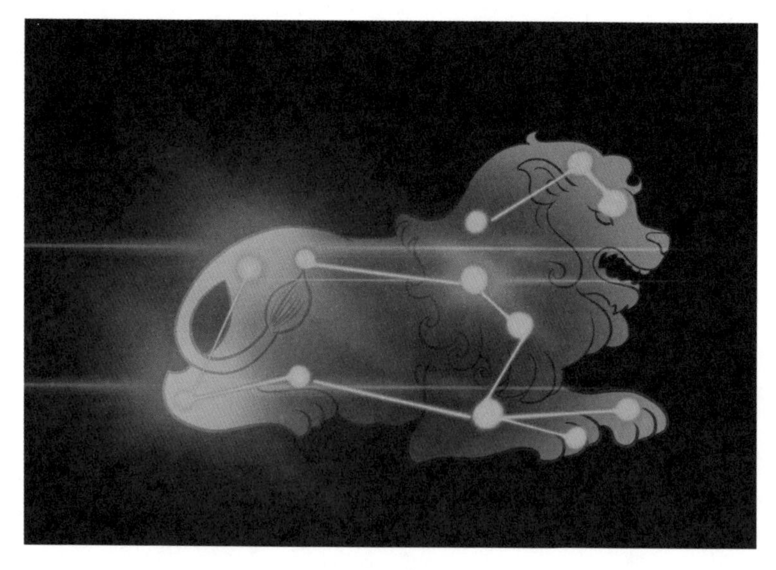

狮子座

在古代，由于人们对星空的认识有限，甚至不知道地球是在自转，而且也不知道南北半球之分，所以最早的星座只有48个名称，这些星座大部分位于北半球和赤道附近。而我们中国的祖先，则把天空分为28星宿。

星座经历了一个比较混乱的时代，在1930年的国际天文学联合会上，以古

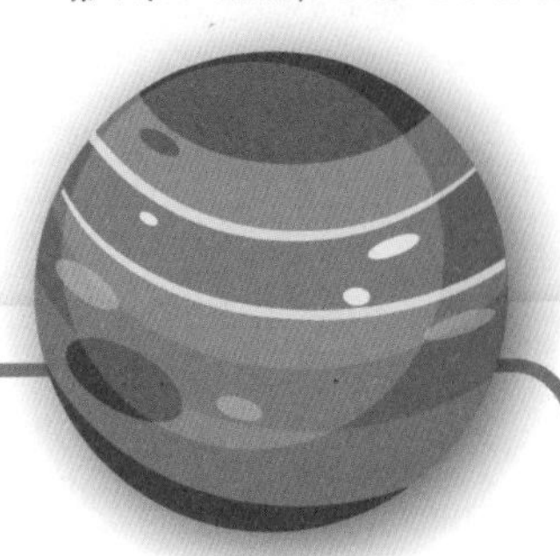

希腊的星座为基础，精确确立了星座的边界，将天空划为88个区域，也就是88个星座。规定了星座的边界是由沿赤道的赤经赤纬直线划定的，因此，一颗恒星必定只属于其中一个星座，每一个星座包含了至少几十颗恒星。按照天球位置进行天区分类，这88个星座可以被分为29个北天星座、12个黄道星座、47个南天星座。

我们通常所说的北斗七星是星座吗？其实，北斗七星并不是星座，它是我们中国的叫法，实际上属于大熊座。提到大熊座，你肯定会想起它的邻居——小熊座。接下来，我们看看其他星座吧。出现在冬天星空的标志性星座是猎户座，出现在夏季星空中的标志性星座是射手座，出现在春天星空的标志性星座是狮子座，出现在秋天星空的标志性星座是摩羯座。在天气晴好的夜晚，我们一起去找一下它们吧！

北斗七星与大熊星座

另一个问题来了，为什么在南半球和北半球看到的星座不一样呢？因为地球是一个球体，不管我们站在哪个位置，星空都像一口大锅一样扣在我们头顶上，我们形象地叫它“天球”。同时，地球又在不停地自转，所以假设我们不动，我们看到的星空就在不停地自东向西转动，这就导致刚入夜时看到的星空和天快亮时看到的星空完全不同。

当然，从理论上说，你站在地球中间赤道上，便可以看到所有的星座；如果向北多走10°，那么南半球的星空就会向南边隐藏一部分，跑到地平线以下，这样我们就无法观测到。按这样推算，站在北极，南半球所有的星座必定都看不见了。向南也是同样的道理。这也就是为什么最开始的星座划分只有48个名字的原因，因为它们依据的古老星图都是用来记录北半球星空的！

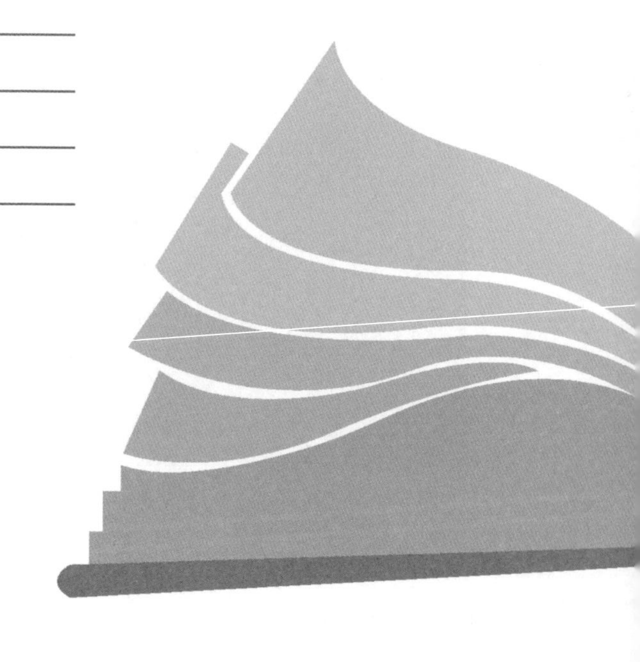

在我国观测，天蝎座是夏季垂在南方地平线的星座，但是到了赤道附近，天蝎座就是高高地倒悬在天空中。同样，如果你在北半球，想看到南半球的星座，那就往南走吧！

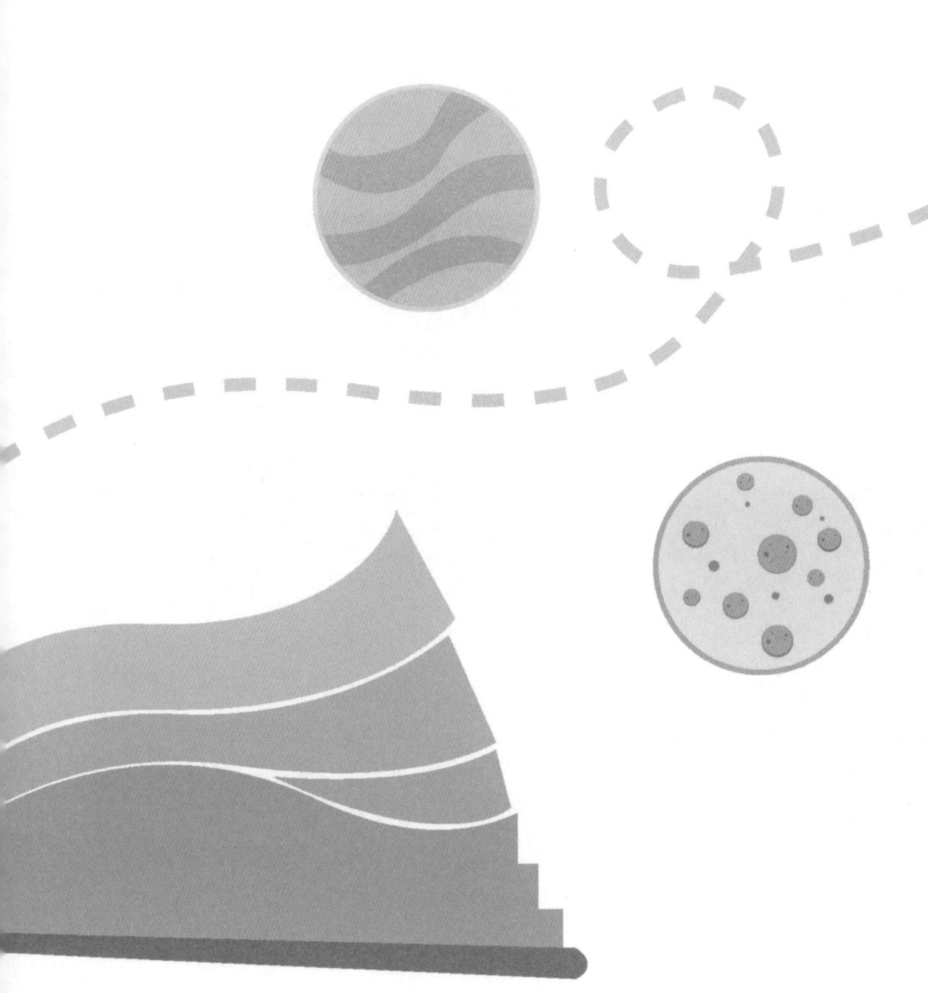

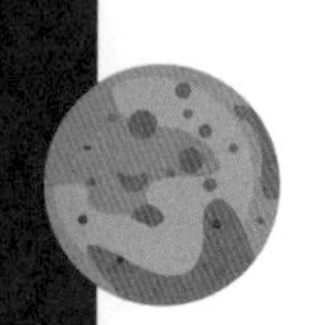

第6节 在银河系，我们的邻居都有哪些？

在庞大的银河系中，我们的太阳系只是其中的一个小点儿，处在距离银河系中心约2.6万光年的位置，整个太阳系在太阳的带领下，以250千米/秒的速度围绕银河中心旋转，旋转一周约2.5亿年。如果把银河系中心黑洞比作市中心的话，那么太阳系所处的位置相当于郊区，相比于其他位置，这里的环境、温度更适合生命的诞生和繁衍。

在这里，恒星的密度比较低，不会发生恒星相撞的事故，距离太阳系最近的恒星叫作比邻星，它离我们也有4.2光年之远，没错，即使以光速到达那里也需要4.2年。比邻星是一个三星系统，也就是我们常说的三体，另外两颗恒星分别是南门二A与南门二B。

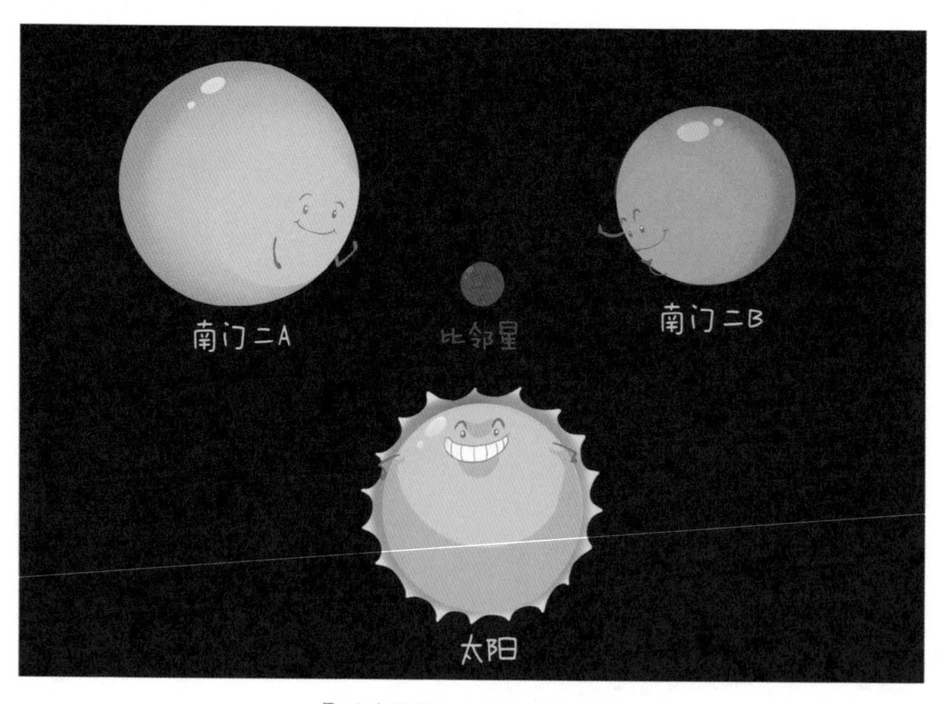

最近的恒星与太阳的大小对比

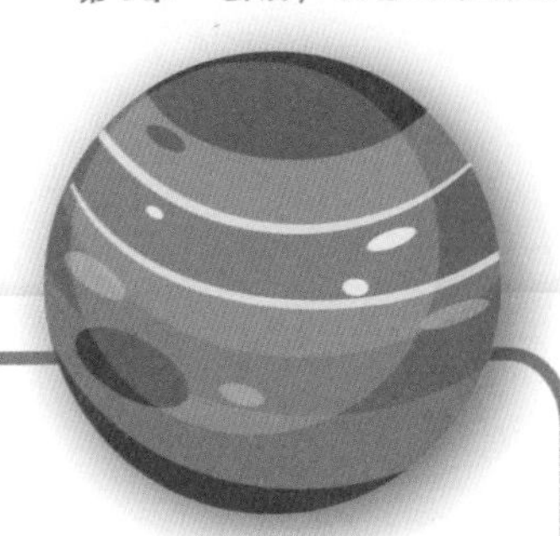

你还记得天空中最亮的星是哪一颗吗？答案是金星。但是金星属于行星，而我们这里要讲的是恒星。科学家和星空爱好者给天空中的恒星做了一个排名，最亮的恒星是天狼星A，距离我们8.6光年，它是一个双星系统，另外一颗天狼星B已经死亡成为一颗白矮星了；亮度排名第二的是老人星，距离我们310光年，不过它经常低垂于南方的地平线附近，北方的观测者通常看不到它。

相信你一定听过牛郎和织女的故事吧？牛郎星，又叫河鼓二，距离我们16.7光年；而织女星，则距离我们23光年。北斗七星呢，这7颗不同的恒星距离我们大概78光年到124光年。提到北斗七星，那一定要说北极星，现阶段是指“勾陈一”，距离我们约433光年。

牛郎星和织女星

冬天高悬在天空的猎户座，也是我们最熟悉的星座，它的参宿七和参宿四都是很明亮的恒星，肉眼可以直接观测到。其中参宿四是一颗红超巨星，已处于其生命的后期。

未来将会发生超新星爆发，幸亏它距离地球有604光年之远，因为如果它在100光年之内爆发，会使地球都遭到破坏！

当然相对于庞大的银河系来说，这些恒星都是我们的邻居，虽然我们还无法到达那里，但这些邻居让我们充满了无限的遐想——那里会有生命存在吗?

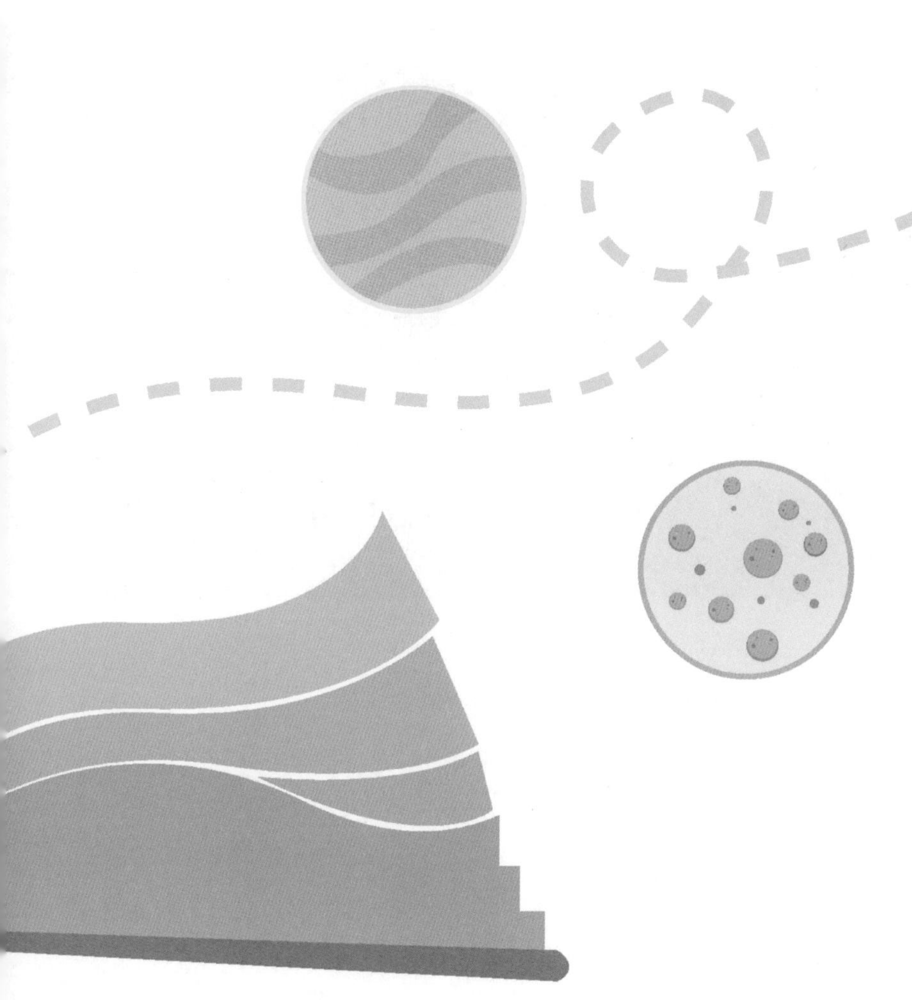

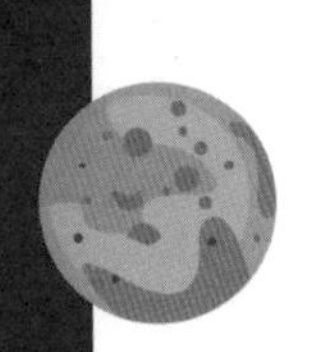

第7节 北斗七星和北极星你了解多少？

每当我们仰望星空，会看到无数的星星绘制出一幅幅美丽的图案。在北方的天空中有一把漂亮的“玉勺子”，它由7颗恒星组成，这把勺子有斗身和斗柄。这7颗恒星也有着好听的名字，分别是天枢、天璇、天玑、天权、玉衡、开阳和摇光。从星座来说，北斗七星属于大熊座的一部分，从图形上看，它位于大熊座的尾巴上。

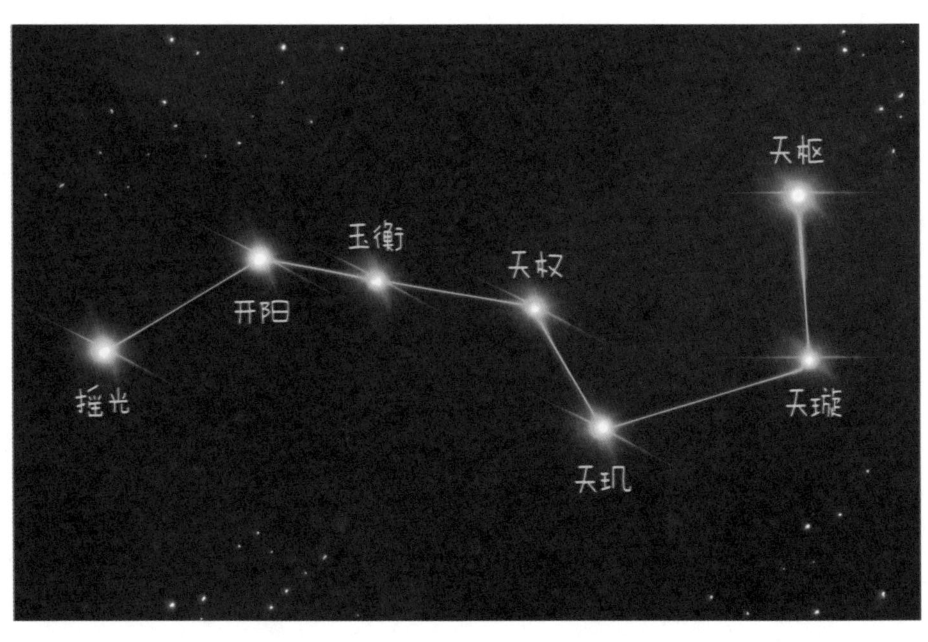

北斗七星

北斗七星是北半球重要的天象，古人根据它斗柄的指示方向来判断方向和季节。据古籍记载：斗柄指东，天下皆春；斗柄指南，天下皆夏；斗柄指西，天下皆秋；斗柄指北，天下皆冬。北斗七星还有另外一个重要的作用，它的其中一颗星——开阳，其实是一个双星系统，在开阳的旁边，有一颗小小的辅星，古时候军队招兵，都是用它来检测士兵的视力的，如果你能看到这颗小星星，就证明你的视力达到了5.0以上哦！

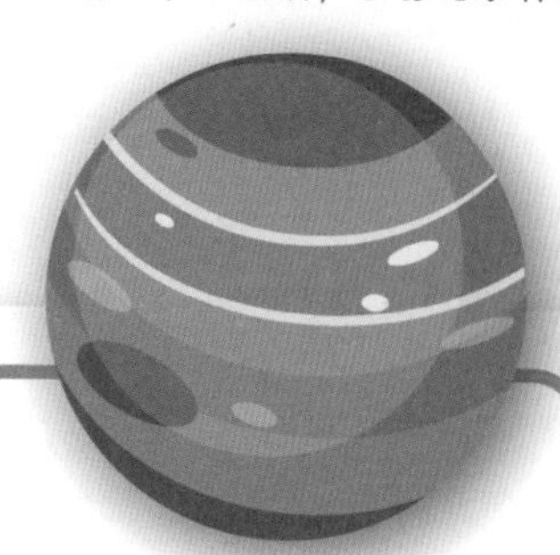

思考一下，北斗七星会永远在一起吗？当然不会，所有恒星都是在不断运动的，都在围绕银河系中心黑洞旋转，北斗七星也不例外，它始终在天空中作缓慢的相对运动。其中的5颗星以大致相同的速度朝着同一个方向运动，而“天枢”和“摇光”则朝着相反的方向运动。因此，在漫长的宇宙变迁中，北斗星的形状会发生较大的变化，10万年后，我们就看不出这把勺子形状了。

现阶段我们所说的北极星是指小熊座的恒星“勾陈一”，它其实是一个三星系统，由一颗主星和两颗伴星组成。其中，主星是一个巨大的、明亮的黄色超巨星，质量是太阳的4.5倍，如果将它和太阳放在一起，它的亮度是太阳的2000倍左右。

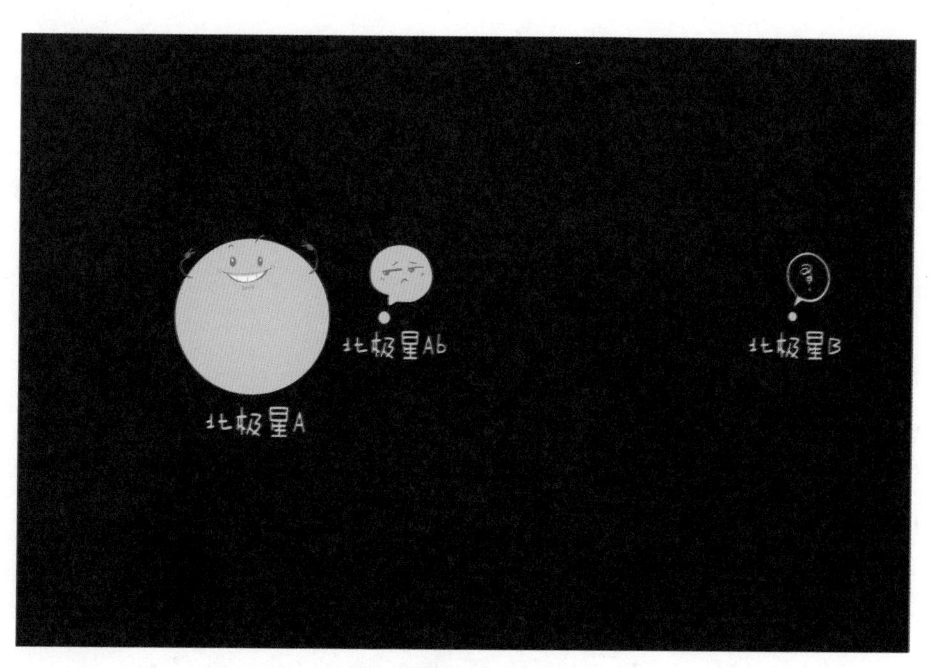

北极星与它的三星系统

顺着北斗七星就能找到一颗明亮的恒星——北极星，如果我们在野外迷路了，只要找到了北极星，就能找到北方的位置。这是为什么呢？因为地球以南北极为轴自转，而地球自转轴的北极正好指向北极星的方向，所以就可以判断它所在的方向正好为地球的北方。

我们之所以用北极星来辨明方向，主要是因为北极星的位置几乎不变，但是这并不代表北极星的位置没有变化。相反，它一直有着细微的、不易察觉的变动，毕竟所有的银河系恒星都围绕着银心在缓慢地转动着。

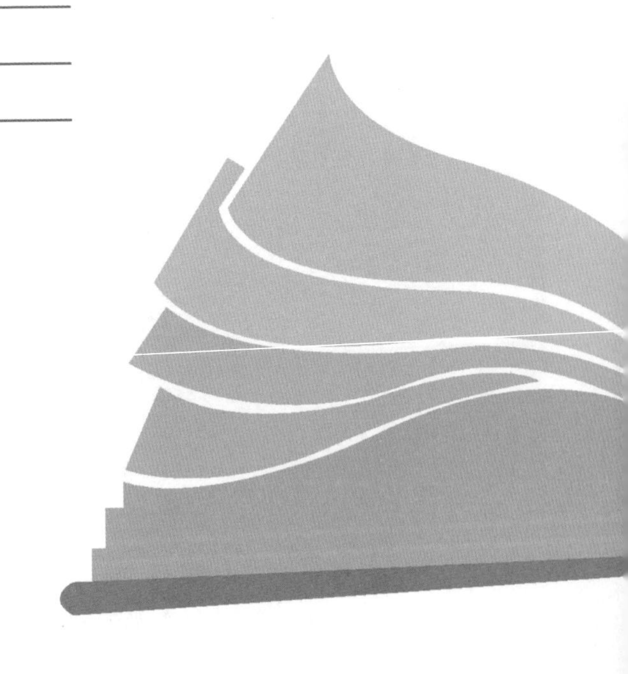

大约在公元前3000年，地轴所指的北极星并不是现在的“勾陈一”，而是天龙座的亮星，古代称之为“右枢”。到了公元前1000年，北极二则变成了北极星，被称为“紫微星”。如今，“勾陈一”则成为北极星，坐上了宝座，继续为我们指引方向。而到了1万年后，织女星就会转到此时北极星的位置，成为北极星新的代名词。

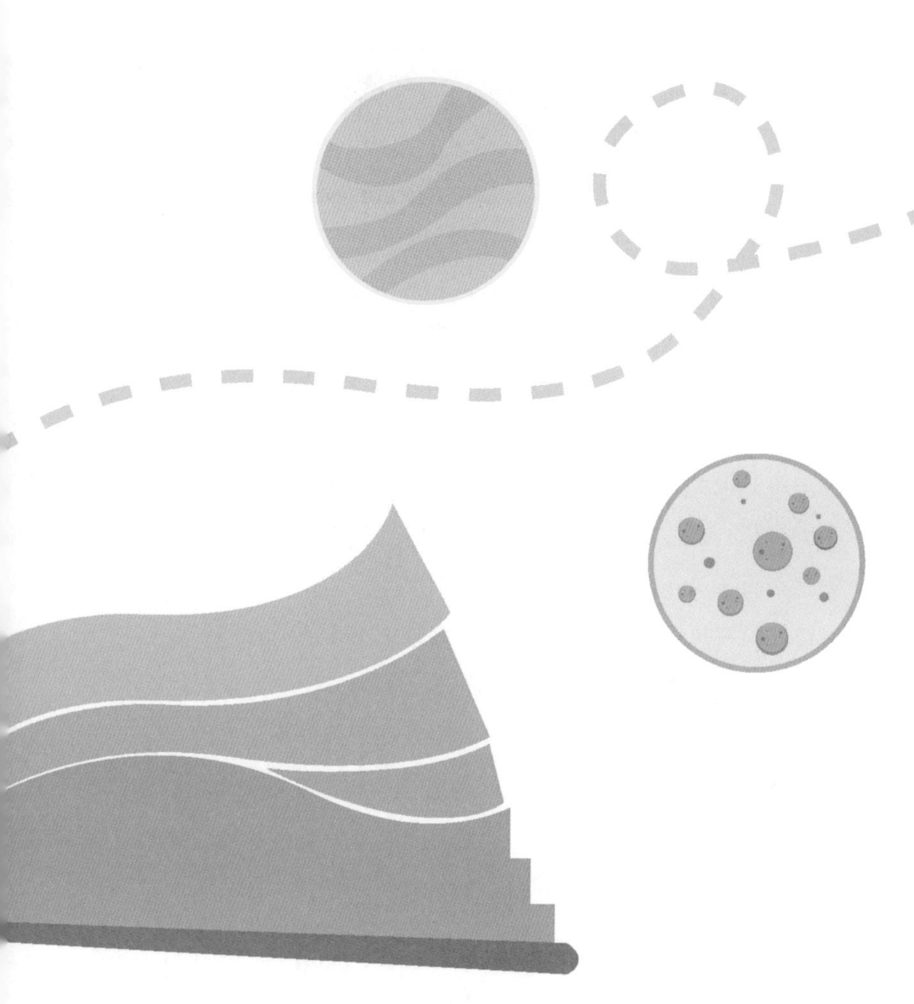

第8节 夜空中的星星都是银河系的吗？能数得清吗？

美丽的星空

在漆黑的夜里，你用肉眼可以看到多少颗星星呢?

先了解一个新的名词——星等。所谓的星等，是指天文学家为了衡量星星的明暗程度提出的说法，它是衡量天体光度的量。值得注意的是，星等数值越小，星星就越亮；星等数值越大，星星就越暗。星等数每相差1星，亮度大约相差2.512倍。也就是说，1等星的亮度恰好是6等星的100倍。注意，我们所说的星等是指在地球上看到的星星亮度，而不是它的实际亮度，所以我们所说的星等，一般是指目视星等，“目”指的就是眼睛，即用眼睛看到的星星亮度。

夜空中最亮的金星，它的目视星等在最亮的时候可以达到-4.9等。而夜空中最亮的恒星天狼星，目视星等则是-1.46等。

你可能会疑惑，目视星等怎么会是负数呢？为什么不是从1开始呢?

的确，一开始天文学家制定星等的时候是从1开始的，但是随着观测技术的进步，科学家们发现，同为1等星的两颗星星其实亮度差别还是很大的，为了更加明显地区分它们的亮度，科学家们就设定了负数值，把织女星定为0星等，以它的亮度为分界线，其他星星的亮度测定以它为参考，比它亮的天体的数值为负数等。如满月的亮度是-12.6等，而太阳则是-26.7等。

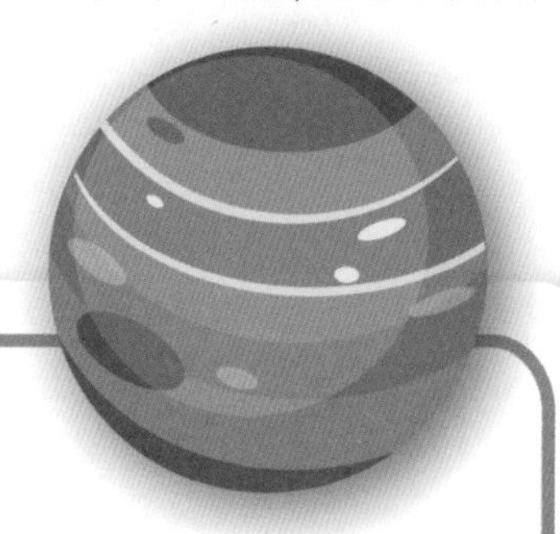

目前我们能用肉眼观测到的大约99%的星星虽然都在太阳系之外，但都属于银河系，毕竟银河系的直径为10万光年，而夜空中肉眼可见的星星大多数距离地球不超过1000光年，其中75%的星星都在离地球500光年内。比邻星是距离地球最近的恒星，仅4.2光年远，但它的目视星等仅为11等，亮度太弱，凭肉眼根本看不到。

当然，我们利用望远镜探测星空的时候，也能看到部分银河外星系或者超新星。

漂亮的银河

目前我们能观测到的星星大概有：1等星21颗，2等星46颗，3等星134颗，4等星458颗，5等星1476颗，6等星4840颗，共计6975颗。

这6975颗星星几乎是整个天球上肉眼可见的所有星星。不过，当我们在地面上看向夜空时，只有约一半的星星在地平线之上，而另一半星星则隐藏在地平线以下。这样算来，只有约3000颗星星可以被看到。然而，在实际观测中，由于受到很多观测条件的影响，如月光干扰、大气透明度不佳、个人视力差别等因素，一般人们看到的星星数量还要少很多。

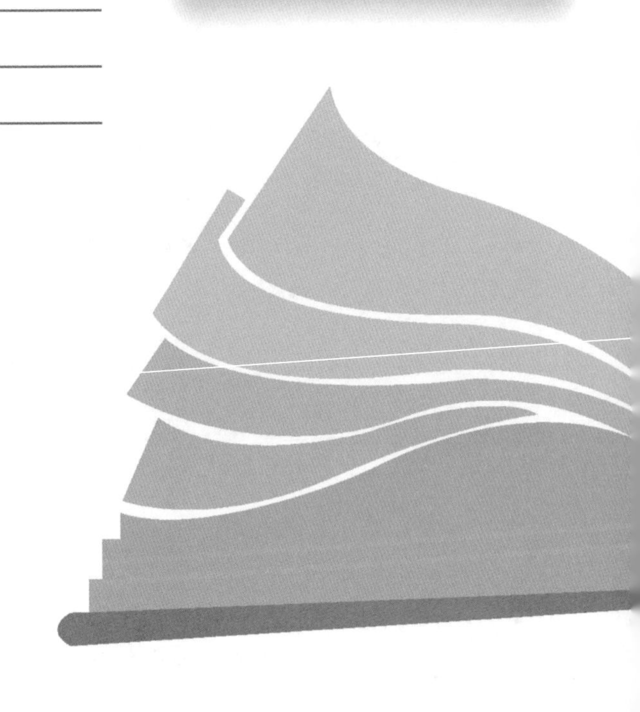

什么，你在晚上只看到了10多颗星星？这也不奇怪，如今的城市发展迅速，夜空受到灯光的影响，其背景亮度在逐渐提高。如今在大城市中，暗于3等的星星都淹没在明亮的夜空背景中，再除掉隐藏于地平线下的那些星星，即使天气很好，能看到几十颗星星就很不错了。

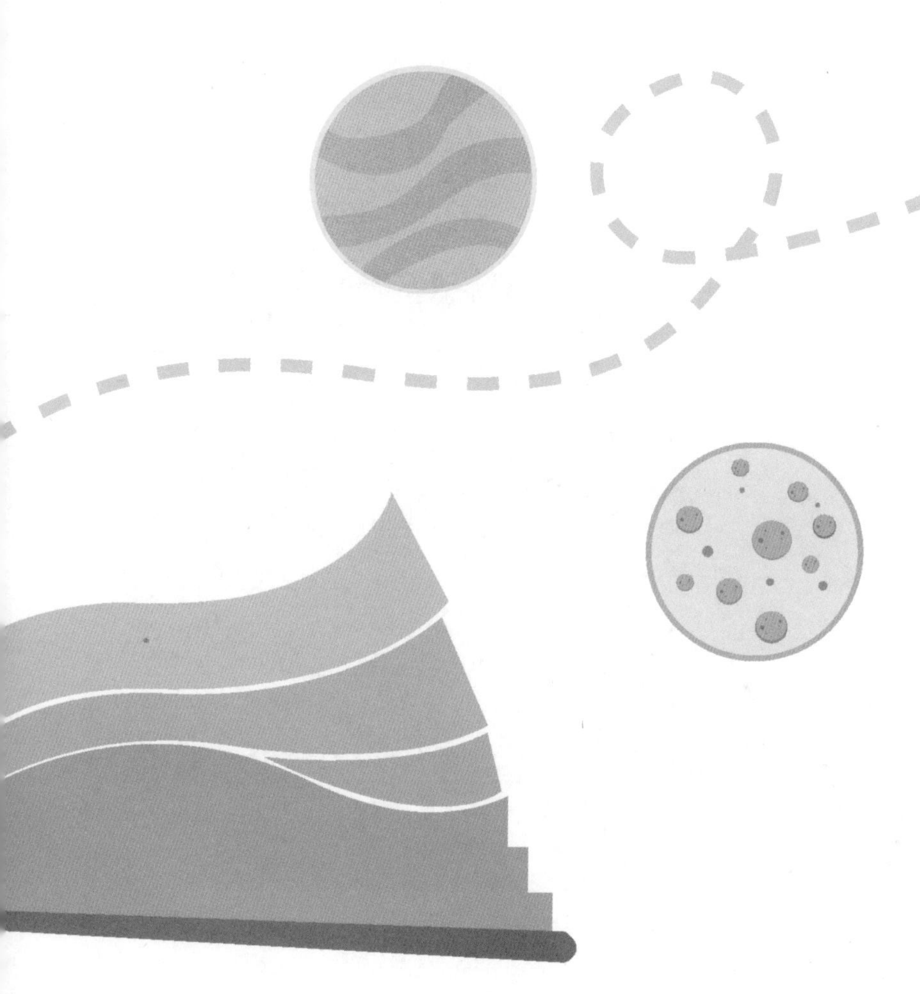

第9节 为什么夏天看到的星星更多，冬天看到的星星更亮？

人们都说夏天的晚上是赏星赏月的最佳时间，夏天的星空比其他季节的星空看上去有更多的星星、更美丽，而冬天看到的星星更明亮一些。思考一下，为什么会出现这种变化呢？

决定我们看到星星数量的多少，主要有两个因素：一个是星星发光能力的大小，另一个是星星距离我们的远近。

首先我们能看到的星星大部分是恒星，只有几颗是行星，行星本身不发光，而恒星则是不停地燃烧发光，让我们能够看到它们。许多的恒星都比太阳大，比太阳亮，但是在夜空中我们只能看到一个小点儿，甚至看不到它，并不是它发光能力不够，而是它离我们太远。例如，有一颗叫“心宿二”的恒星，它的体积大约是太阳的2.2亿倍，发光能力则约为太阳的5万倍，但因为它离地球有410光

夏季星空

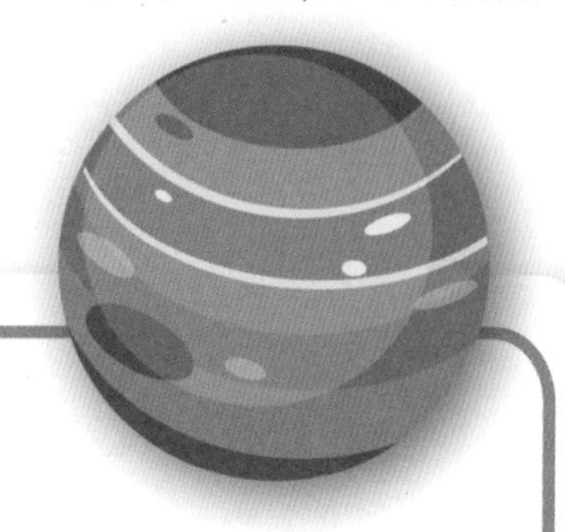

年，人们只可以看到它是一颗闪烁着红光的明亮星星。

我们能看到的星星99%都在银河系内，整个银河系有上千亿颗恒星，它们分布在一个荷包蛋形状的空间里，中央比周围的星星多很多。

我们的地球处在银河系的猎户座旋臂上，大约处在银河系稍微边缘的地带。

当我们向银河系中心看时，就会看到许多密集的星星，那里星星特别多，如果朝银河系的边缘看，只能看到银河系边缘处的星星，那里的星星特别少。

地球每年绕太阳转一周，夏季时，地球转到太阳和银河中心之间，银河系的密集部分正好出现在夜空，看上去星星特别多。相反，在其他季节看到的星星相对就少些了！

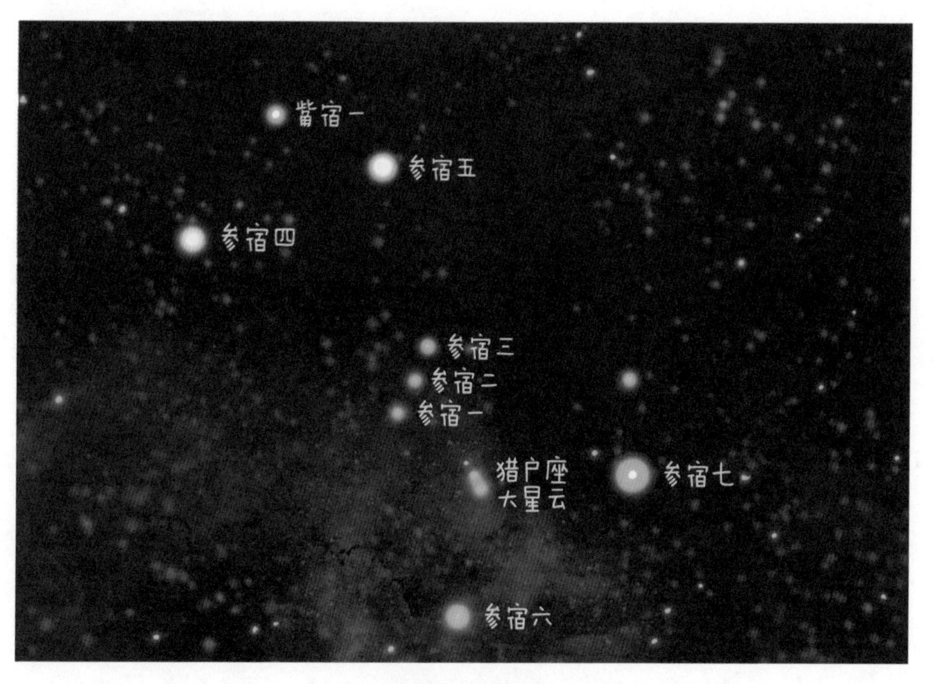

冬季夜空的猎户座

但如果认真地去观察夜空，就会发现一个神奇的问题，那就是冬天的夜晚星星看起来比其他季节的更加明亮，这是为什么呢？

原因有两点：一是与其他季节相比，冬天的空气较为干燥，水蒸气相对少，透明度高，晴朗的日子也较多，大气对星光的削弱作用较低，所以我们觉得更明亮；二是因为冬天能看到的亮星（1等星）比其他三个季节更多。

其实，每个季节都有它的代表星，春季有“春季大三角”，因它们排列成三角形状而得名，这三颗星分别是狮子座的五帝座一、室女座的角宿以及牧夫座的大角星；夏季有“夏季大三角”，这三颗星分别是银河两岸的织女星、牛郎星和银河之中的天津四；冬季有“冬季大三角”，这三颗星分别是猎户座的参宿四、大犬座的天狼星和小犬座的南河三。

看到这里，你会疑惑怎么没有秋季大三角呢？秋季的代表星不是组成三角形，而是组成了四边形，这四颗星分别是飞马座的室宿一、室宿二、壁宿一和仙女座的壁宿二。

关于有趣的夜空观星指南，我们会在第四章进行详细的讲解！

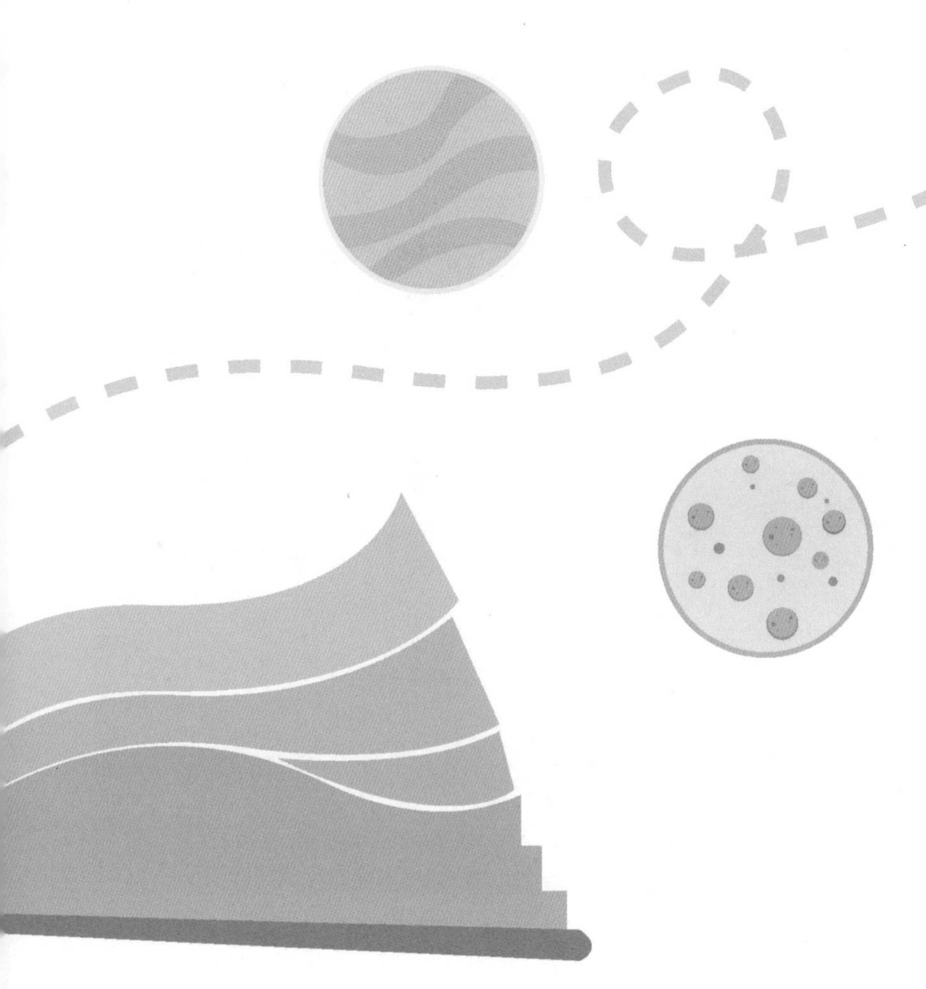

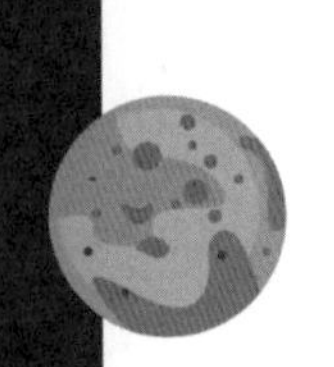

第10节 银河系里还有其他生命吗？

银河系是一个非常大的星系，光穿过整个银河系需要10万年的时间。太阳系在银河系里面只是一个小点儿。这么大的银河系，难道只有其中太阳系里的地球上有生命存在吗？其他星球上真的没有生命吗？

你的脑海里肯定出现过外星人的画面，但是真的会有外星人吗？

我们要知道的是，产生生命的基本条件有很多，除了需要组成生命的必要物质，如碳、氢、氧、氮等元素外，还需要适宜的温度，过热和过冷都不利于生命的生长。而液态水则是生命体的重要组成部分，当然还有很重要的大气，它能够保护生命免受陨石和宇宙射线的伤害，也能提供物质的循环。

具备了以上基本条件，剩下的就要交给漫长的时间。任何生命的产生和发展都离不开时间。我们知道，地球智慧生命的出现经历了几十亿年的演化。

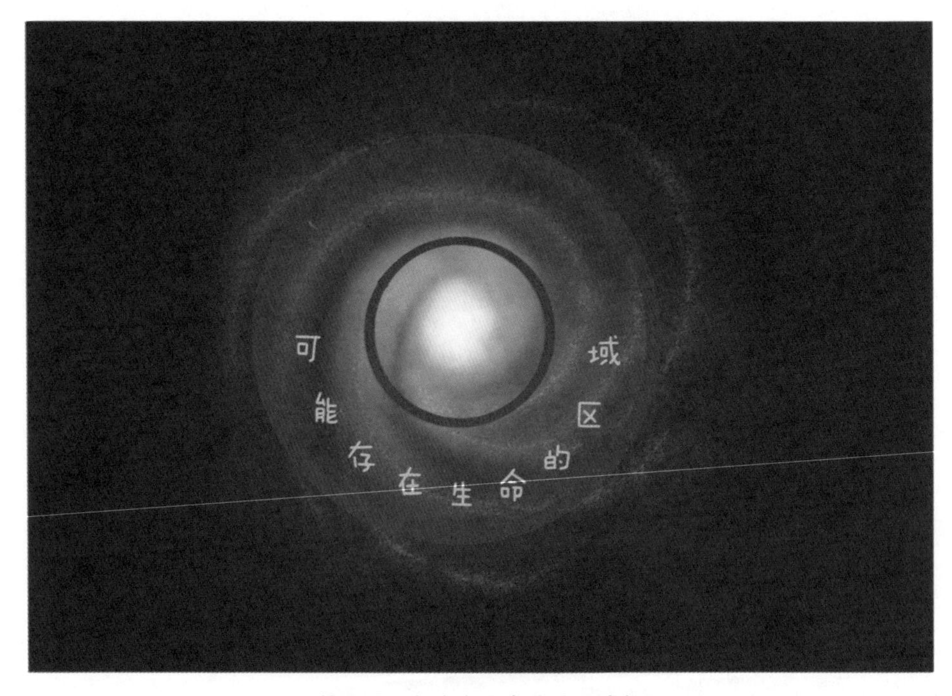

银河系可能存在生命的范围猜想

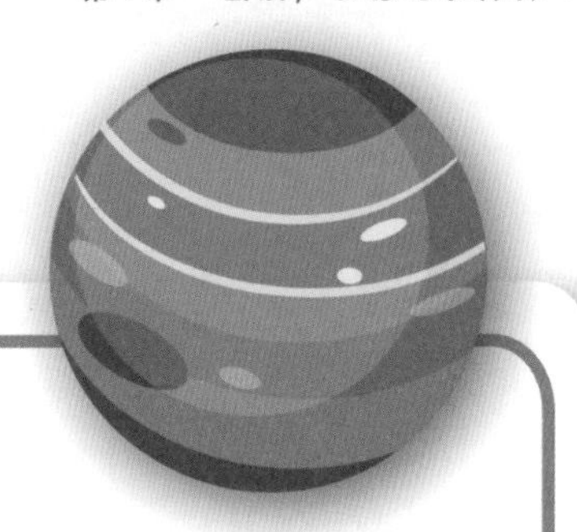

在银河系中，像地球这样的行星大约有100亿颗，虽然太阳系内只有地球存在智慧生命，但并不代表庞大的银河系内没有其他星球存在生命。

英国科学家认为，银河系中至少存在36颗有智慧生命的星球。这些有生命的星球大多分布在银河系的旋臂上，这里的温度不冷不热，适合生命的繁衍，昼夜温差也能够被接受；像上面提到的组成生命的必要的碳、氢等元素在这里也能被探测到。而且最近的学术报告中提到，银河系前期诞生的岩质行星比后期诞生的行星更有存在生命的可能性。因为在早期的岩质行星上更容易产生磁场、板块构造，拥有更多的化学物质。

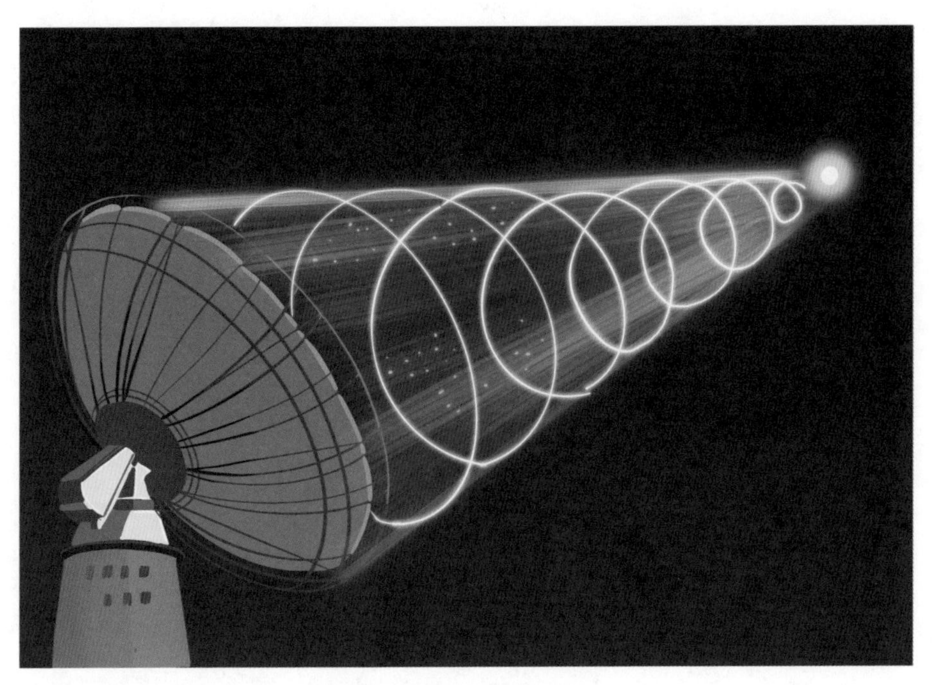

地球发射给外星的信号

假如真的有外星生命存在，为何我们一直没有发现它们呢？科学家认为，这些外星生命离我们的平均距离可能达1.7万光年，按照人类无线电波传播速度计算，这些文明之间互相传递信号至少也要1万多年，而人类进入无线电时代不过区区100多年，假设现代人类在100年前发出的信号可能被对方收到，那么人类需要3万多年后才能听到回音！

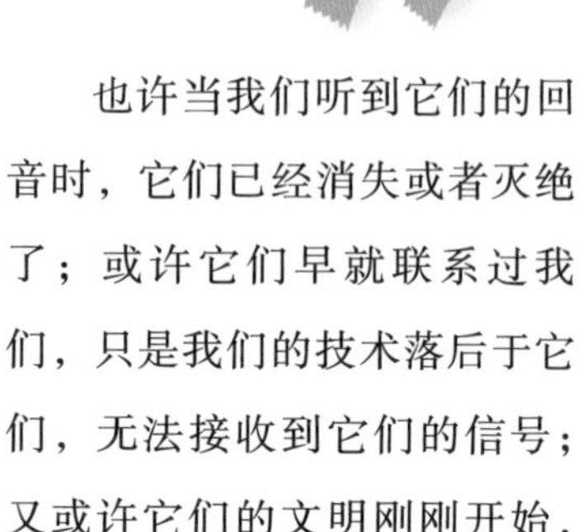

也许当我们听到它们的回音时，它们已经消失或者灭绝了；或许它们早就联系过我们，只是我们的技术落后于它们，无法接收到它们的信号；又或许它们的文明刚刚开始，还没有到能接收信号或者发送信号的阶段……总之，有无限的可能性！所以，银河系内很可能存在很多的智慧生命，之所以没有相互发现，是因为银河系太大了，整个宇宙太广袤了！

如果未来我们能够研发出速度更快的飞行器，代替我们飞出太阳系，飞到银河系内看看，说不定会发现外星生命呢！

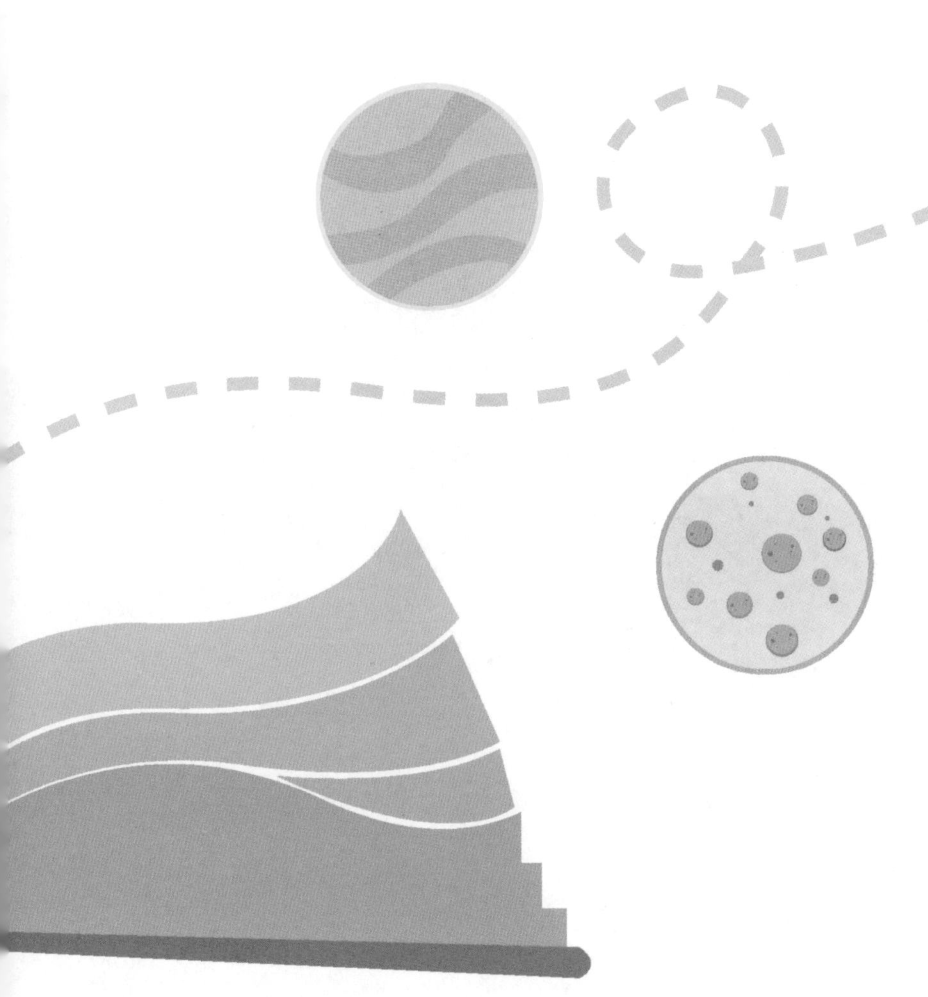

读书心得

第2章　探访银河系的邻居们

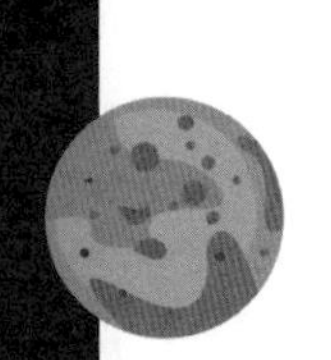

第1节 航海家麦哲伦与麦哲伦星系

虽然银河系很大，但是在里面待久了，还是有点儿无聊。接下来，我们将走出银河系，去探访银河系的邻居们！

我们的第一站是距离银河系最近的邻居——大、小麦哲伦星系。

顾名思义，你一定猜到了，麦哲伦星系跟航海家斐迪南·麦哲伦有关，那就让我们一起来听一听他们的故事吧！

斐迪南·麦哲伦（1480—1521年）环球航行

1519年，葡萄牙航海家麦哲伦率领一支船队开始了第一次环球航行，当船队在横渡太平洋的行程中，每天晚上他抬头就能看到头顶附近有两个面积很大、十分明亮的云雾状天体，麦哲伦感到非常奇怪，就把它们详细记录在自己的航海日记中。不过当时的麦哲伦并不知道，这两个天体是河外星系，不属于银河系。

后来人们为了纪念麦哲伦的发现，便把银河系的这两个邻居分别命名为大麦哲伦星云和小麦哲伦星云。晴朗的夜晚，在南半球的夜空中，大、小麦哲伦星云是璀璨群星中最壮观的景象之一，只要一抬头就能看到这两个星云。一年四季，

它们都高高地悬挂在南天天顶附近，从不缺席，也不会落到地平线以下。注意，在北半球的大部分地区是看不到它们的，只有在我国的最南端，才能在南地平线附近找到它们。

大麦哲伦星云距离地球大约16万光年，而小麦哲伦星云距离地球大约20万光年。麦哲伦星云属于小且不规则星系，而且距离银河系太近，它们与银河系之间存在着复杂的引力相互作用，在引力的作用下，大、小麦哲伦星系正逐渐靠近银河系，未来可能会与银河系发生碰撞。

问题来了，它们明明是星系，为什么又被叫作星云呢？

这是因为，以前人们分不清星云和星系的概念，后来虽然分清了，但因为叫习惯了，所以仍然称呼麦哲伦星系为星云。

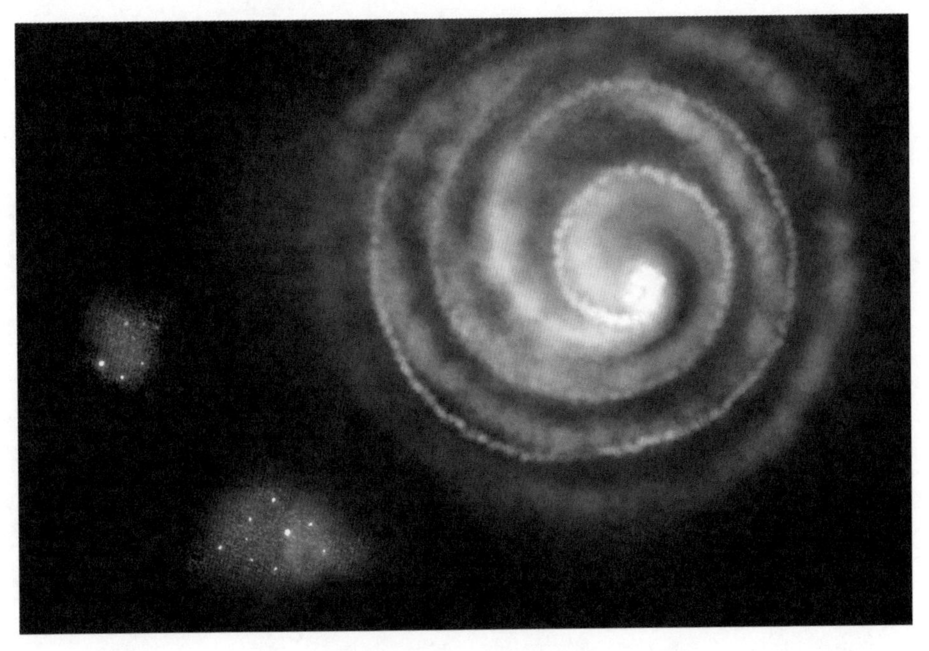

银河系与大小麦哲伦星系

麦哲伦星系像银河系一样，有丰富的气体和星际物质，也在不断地产生着新的恒星，但它的演化程度不如银河系高。2016年，科学家们发现在大、小麦哲伦星云之间有一座清晰可见的星桥，将其命名为麦哲伦桥。

那么麦哲伦桥到底是由什么构成的呢？它基本上是由质量较小的恒星、中性氢原子流构成。之所以能形成一个宇宙奇观，主要是由于银河系、大麦哲伦星云、小麦哲伦星云之间强大潮汐力的相互拉扯。

大、小麦哲伦星系都是银河系的小弟弟，大麦哲伦星系的体积只有银河系的1/20，它的自转周期为2.5亿年；小麦哲伦星系的体积仅有银河系的1/80，由于太小，每次靠近银河系的时候，它的恒星和气体都会受到银河系引力的拉扯，所以它们正在慢慢地被银河系所吞噬。目前小麦哲伦星系已经被银河系撕裂，大麦哲伦星系最后的命运也将会如此。

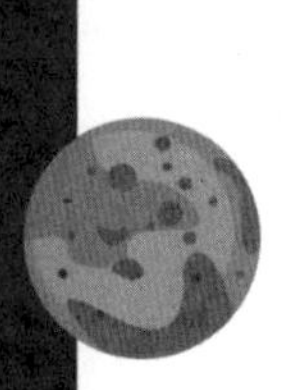

第2节 颠覆人类认知的星系——仙女座星系

仙女座星系虽然很早被发现，但人们一直认为它是银河系的一部分。关于它的话题，一直争议不断。有人认为它属于银河系，有人认为它不属于银河系。直到20世纪40年代，天文学家用当时最先进的望远镜对仙女座星系进行了观察，之后又进行了测量和计算，才确定它不属于银河系，它的体积比银河系还要大。仙女座星系的发现，让我们知道了，原来银河系之外，还有更广阔的宇宙空间！

仙女座星系

我们先来认识一下仙女座星系，它也曾经被称为仙女座大星云，位于仙女座方位，是一个拥有巨大盘状结构的旋涡星系，但是最新研究却认为它是一个棒旋星系。仙女座星系在梅西耶星表里的编号为M31，直径达到了22万光年，比银河系还要大很多，质量也比银河系大很多。仙女座星系包含了远多于银河系，且

类似于太阳系的恒星天体群。仙女座星系距离地球254万光年，没错，我们看到的仙女座星系是它在254万年前的模样。别看仙女座星系距离我们这么远，但它却是距离银河系最近的“大”邻居了。仙女座星系也是它所在的整个星系群中最大的一个星系。

几十亿年后的天空景象

在北半球晴朗的夜空，仙女座星系常年可见，一般出现在夜晚的东北方向，在仙后座和飞马座的中间位置，外表与银河系相似，大概有1万亿颗恒星。正因为它与银河系的相似性，对两者进行对比研究，可以更好地了解银河系的运动、结构和演化。

还记得我们提到过银河系有自己的卫星星系吗？仙女座星系也有自己的卫星星系。通过观测，天文学家们共发现14个卫星星系在围绕仙女座星系旋转，这14个星系或许有着同样的起源。

仙女座星系有一个巨大的星晕，大到什么程度呢？它的星晕甚至比星系本身还要大，已经跟银河系发生了接触。如果你仔细观察仙女座星系和银河系交界处，你会发现在仙女座星系的星晕处有几颗非常明亮的恒星，但实际上它们是属于银河系的。

仙女座星系不仅仅是银河系的邻居，而且在几十亿年后，它很可能和银河系相撞，并且合并为一个更大的星系。仙女座星系目前正以每秒120千米的速度朝向银河系运动，在30亿～40亿年后可能会撞上银河系，最后并合成一个新的、更大的椭圆星系。

这期间可能会有两件有趣的事情发生：一个是太阳在那时可能已经变成一颗红巨星，我们的地球也许已经不复存在了，人类要么灭亡，要么已经搬到银河系中的另一个适宜居住的星球。假如我们搬到了新的星球，我们将会看到第二件有趣的事情，那就是夜空中将爆发极强的亮光，持续不断，也会发现更多的星团和恒星，而合并后的“银河仙女系”也将不再是旋涡状了，而是一个拥有超大质量黑洞的椭圆星系！

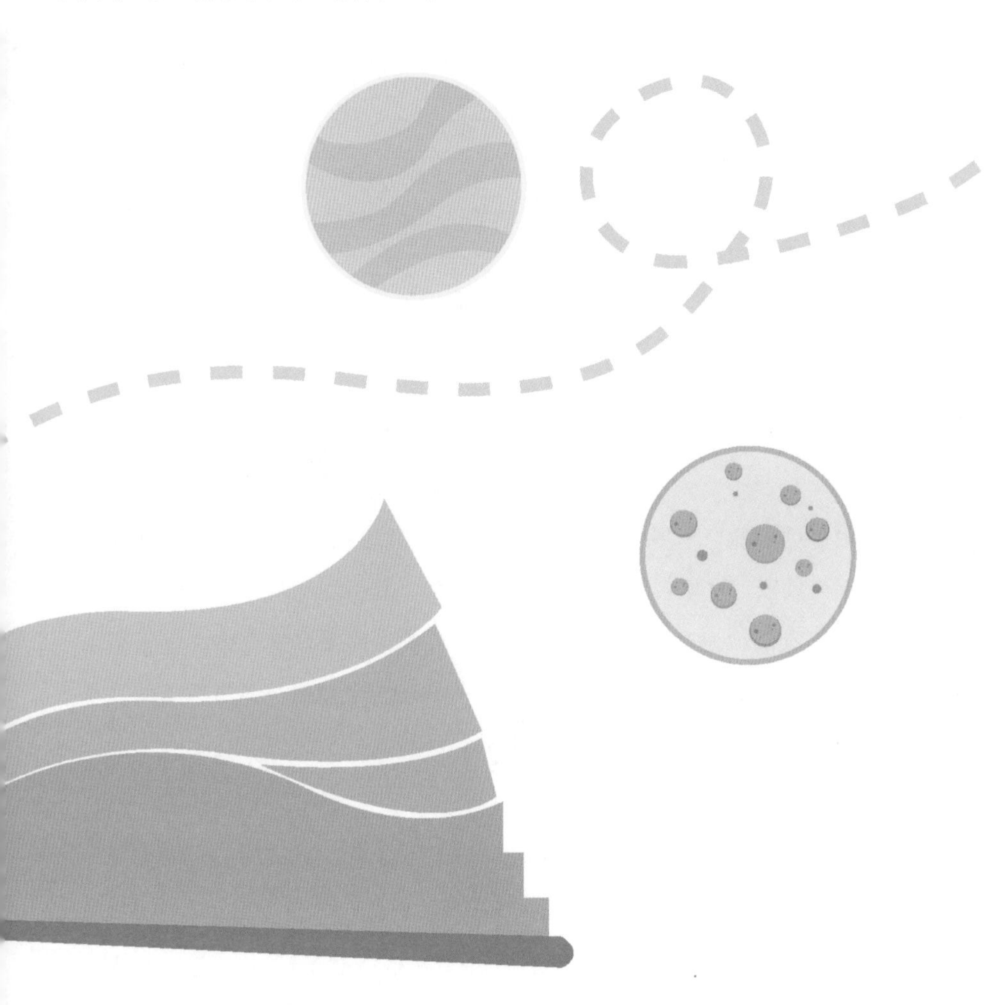

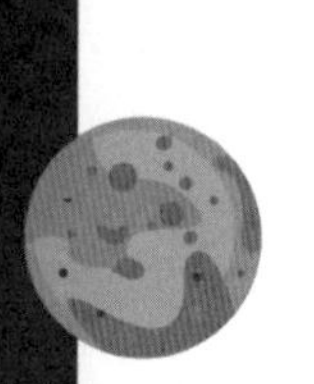

第3节 群居的星系团

你知道什么动物会群居在一起吗?

狼是群居动物的代表。它们会成群结队地外出打猎，甚至连睡觉都在一起。就像狼群一样，天空上的星系并不是孤立存在的，也是群居的。有些星系成双成对，有些星系则由上百个星系抱成团。

一般来说我们把包含100个以上星系的天体系统称作“星系团”，把包含100个以下星系的天体系统称作“星系群”。这里的团和群并没有本质上的区别，只不过是根据数量的多少命名，便于区分而已。

星系群，是太空中的星系群体，包含的星系比较少，如果要问组成星系群的星系之间是什么关系的话，那它们大概就是兄妹关系。

星系群形状不规则，主要成员为旋涡星系、不规则星系和某些矮椭圆星系，而巨椭圆星系和透镜状星系则较少。

银河系处在本星系群内，这里聚集了50多个星系，银河系、仙女座星系、大小麦哲伦星系都在其中，本星系群直径达到1000万光年。在本星系群里，仙女座星系是老大，银河系是老二，由于本星系群属于典型的疏散星系团，没有引力中心，所以其他小星系都围绕着仙女座星系和银河系旋转，成为它们的卫星星系。

星系群也是群居的，本星系群和其他星系群则群居在一个更大的星系团内，叫作室女座超星系团。这里包含了近100个星系群，其形状类似于平底锅里的薄饼，覆盖了一块直径约为1.1亿光年的区域。巨大的银河系只是在室女座超星系团的一个小小角落里而已，而室女座超星系团则属于拉尼亚凯亚超星系团的一小部分。拉尼亚凯亚超星系团的覆盖范围更是达到了惊人的5.2亿光年。

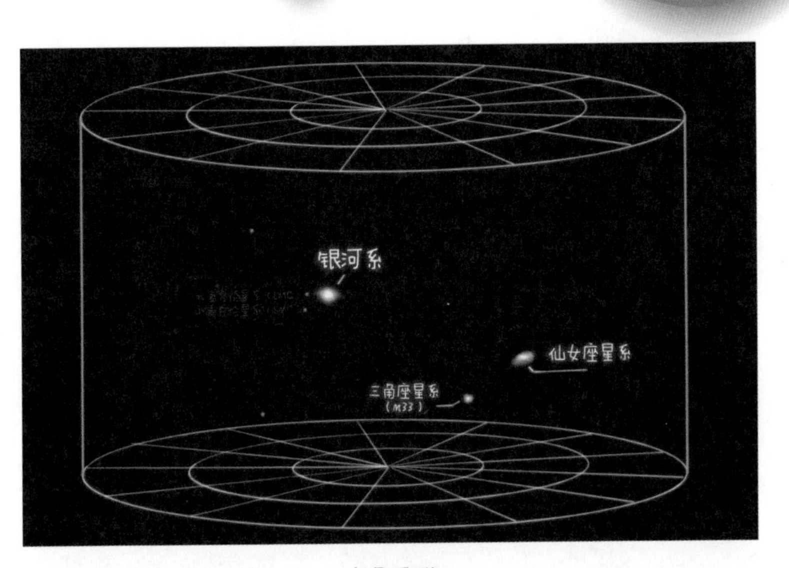

本星系群

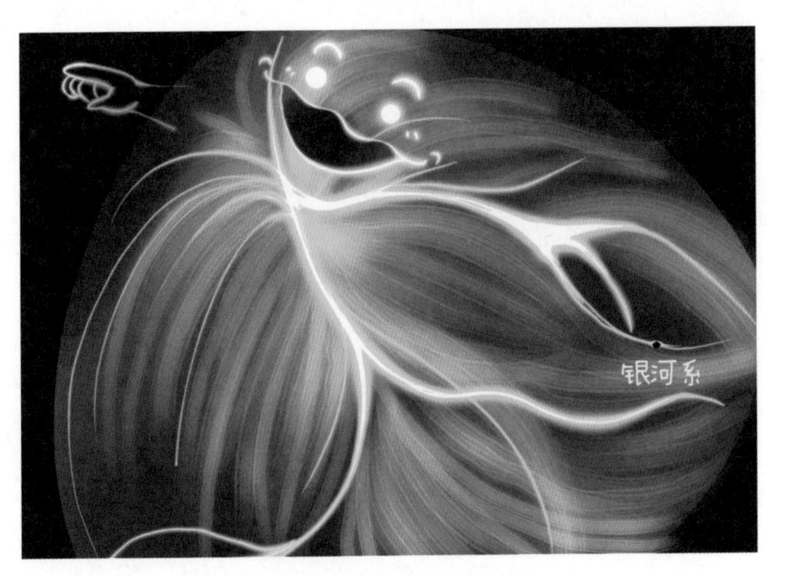

拉尼亚凯亚超星系团

请记住我们在宇宙里的坐标轨迹：可观测宇宙→拉尼亚凯亚超星系团→室女座超星系团→本星系群→银河系→太阳系→第三个行星地球。

星系团由星系组成，它的形状也跟星系的形状和比例密切相关。研究发现，如果一个星系团中椭圆星系所占的比例很大，那么这个星系团的形状倾向于规则和对称，如果椭圆星系所占的比例很小，星系团一般显示出不规则的形状。

星系团的内部并不是一团和气，里面甚至充满了高达上千万摄氏度的热气体，它们虽然是气体，但是并不轻，因为存在大量的暗物质，所以质量甚至比星系团中的所有星系加起来还要重。

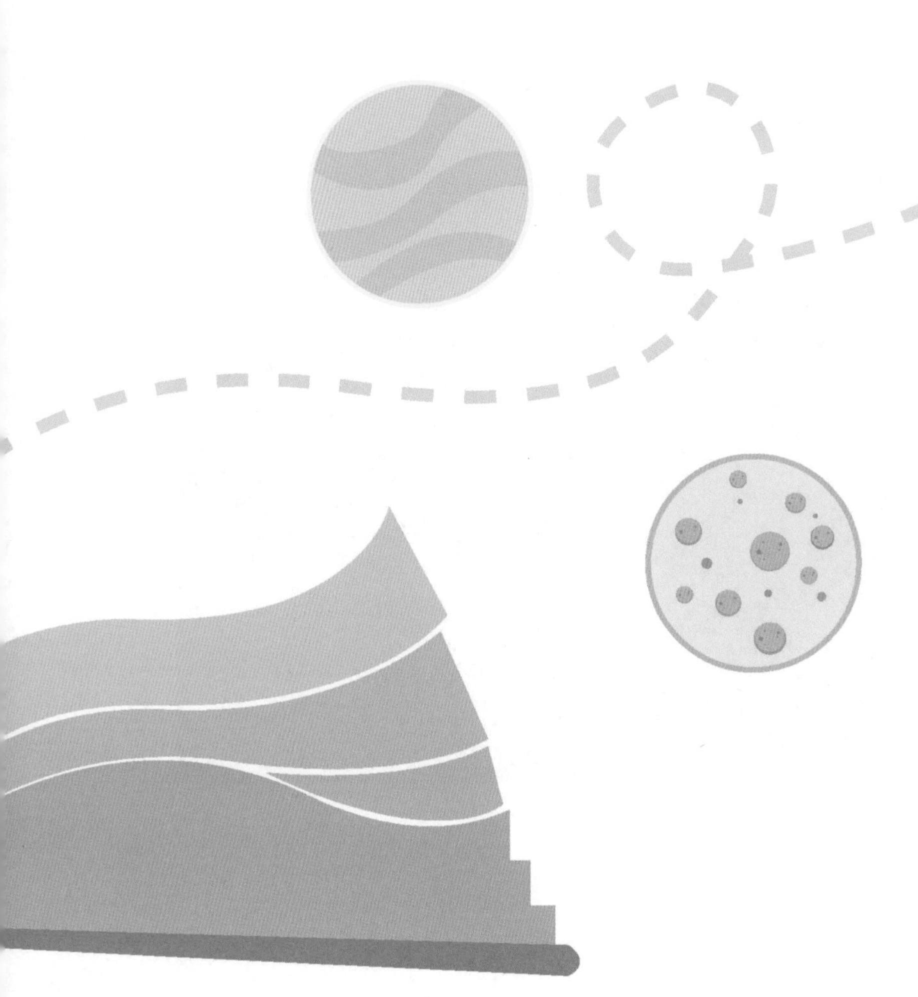

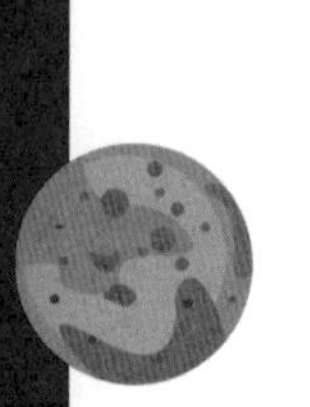

第4节 暴躁的活动星系

太阳系在茫茫宇宙中是非常静谧的，这里除了一些小行星的撞击外，几乎没有什么意外发生。而太阳系所隶属的银河系也算是比较安静的。然而，在更庞大的宇宙中，却有很多星系时时刻刻发生着一些不可思议的剧烈活动，我们把经常发生剧烈活动的星系称为暴躁的活动星系，或者激扰星系。

这些暴躁的活动星系会不间断地释放出射电喷流，产生的能量更是太阳能量的数万亿倍。

活动星系最主要的特点是：星系中心区域有一个极小且极亮的核，称为活动星系核；有很强的非热连续辐射；光谱中有宽的发射线。

比如，可怕的耀变体等类星体，这类星体的中心会喷发出一个或两个长达数千光年的喷流，而且里面的射电辐射非常强烈，任何物体只要靠近，就会瞬间消失。

暴躁的活动星系

暴躁的活动星系的数量约占正常星系总数的1%，其寿命较短，人类对活动星系的本质了解得还很少，所以未来我们的研究方向也会向这一方面倾斜。

根据射电波段的辐射，我们可以把活动星系分为射电宁静活动星系与射电噪活动星系两大类。由于喷流和喷流相关的辐射可以在所有波长上被忽略，因此射电宁静活动星系相对容易观测；而射电噪活动星系的辐射来自天体射流和射流膨胀裂开共同带来的辐射，这些辐射决定着活动星系在无线电波长范围更广，不易被识别。

天体射流

科学家认为，活动星系巨大的能量来源于星系中央潜藏着的一个高速自转的超大质量黑洞。黑洞以其巨大的引力吸引着四周的物质盘旋着向它掉落，在周围形成一个吸积盘。盘内的气体被压缩并被加热，当温度超过10亿摄氏度时，就会形成强烈的辐射场，导致高能离子喷流从核心以接近光速向垂直于盘的两极喷射出来，并且不间断地发生着强烈的喷射。

活动星系中央黑洞的质量非常大，是太阳质量的几百万倍到几亿倍不等，它只需要每年“吃掉”相当于两个太阳质量的物质，就能够发射出被我们观测到的射线或者能量。

大部分的活动星系都位于极其遥远的位置，它们发出的光要经过数百万年甚至数十亿年才能到达地球，通过科学家们的观测和推断，发现在宇宙早期有更多的活动星系核，它们发出的光更明亮。这表明了宇宙早期就形成了大质量黑洞。

我们应该庆幸它们离地球很远，不然，在太阳系中就不会有生命存在了。

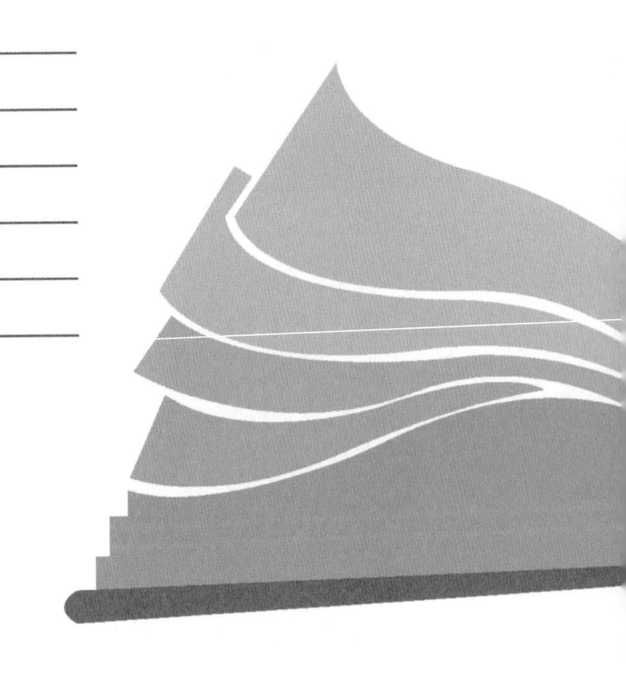

目前，我们对这些暴躁的活动星系了解得并不是很多，期待在未来人类可以对它有更多的解密！

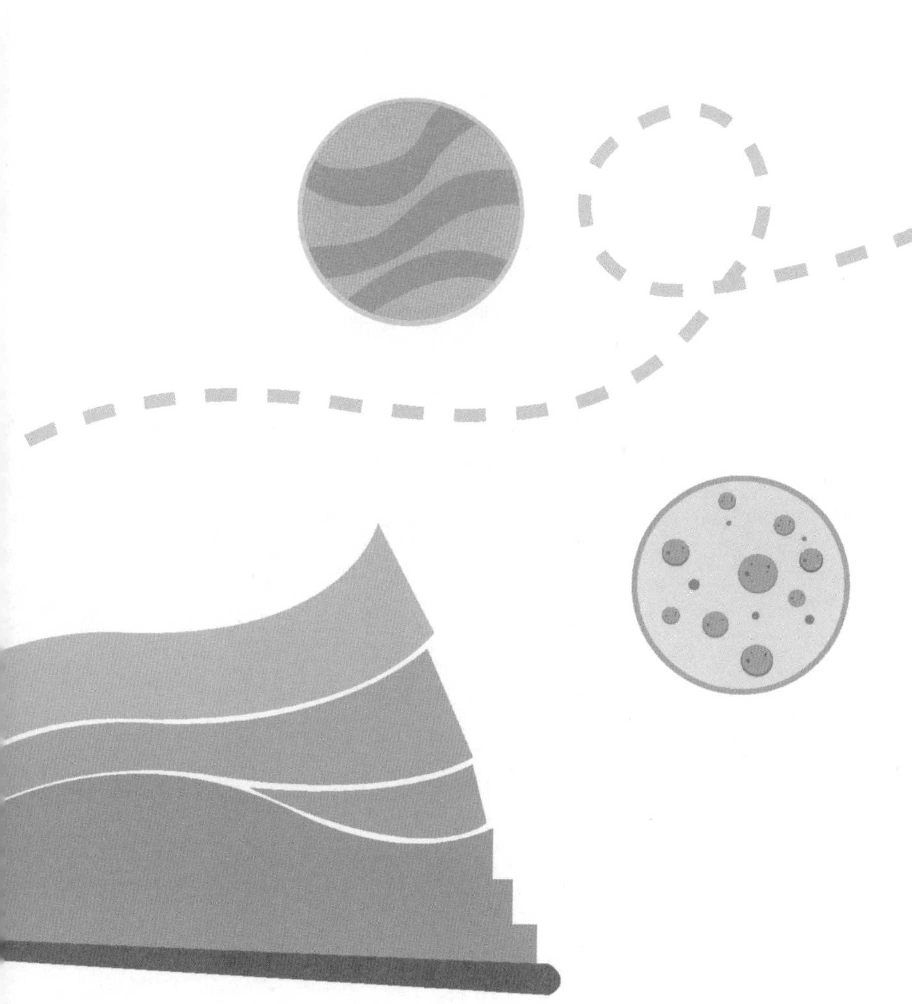

读书心得

第3章　人类的太空探索

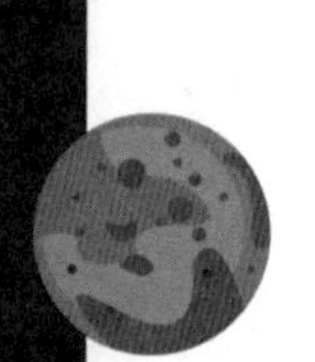

第1节 太空探索的利器——望远镜

从本节开始，我们将回到地球，回到人类探索宇宙的篇章。

我们能看到许多有关太空和星云的照片，很多都是天文望远镜的功劳。天文望远镜是观测天体的重要工具，可以说，如果没有望远镜的诞生和发展，就没有现代天文学。

伽利略自制的望远镜

随着技术的发展，望远镜的性能也有大幅提高，天文学正经历着巨大的飞跃，并推动人类加深对宇宙的认识。所以，望远镜是我们人类探索宇宙的利器。

那么，第一架望远镜是谁发明的呢？1608年，荷兰眼镜商汉斯·利珀希偶然发现，如果把一块凹透镜和一块凸透镜放在一条直线上，就可以把远的物体拉近放大，呈现出更清晰的影像。于是他把两块透镜一前一后装进一个圆筒，制成了世界上第一架望远镜。

而第一架投入科学领域的望远镜，则是大名鼎鼎的科学家伽利略·伽利雷（意大利天文学家，1564—1642年）制造出来的。他利用这台40倍的天文望远镜观测了月球，绘制了月球的表面地图，也识破了“银河”的秘密，当然这里的银河并不是指现在的银河系，而是由无数星体组合而成的。更重要的是，他通过自制的望远镜，竟然发现了木星的四颗卫星，因此木星的第一至第四颗卫星又被称为“伽利略卫星”。

天文望远镜按照构造可以分为3种，分别是折射式望远镜、反射式望远镜、折反式望远镜。

折射式望远镜又分为两种，分别是伽利略望远镜和开普勒望远镜。由凹透镜作为目镜的望远镜称为伽利略望远镜，由凸透镜作为目镜的望远镜称为开普勒望远镜。一般小型望远镜都采用折射式结构，但大型望远镜大多采用反射式结构，因为大口径折射式望远镜的透镜制造起来比较困难。

反射式望远镜又可分为牛顿望远镜、卡塞格林望远镜等几种类型，反射式望远镜一般用在天体物理方面的工作中。

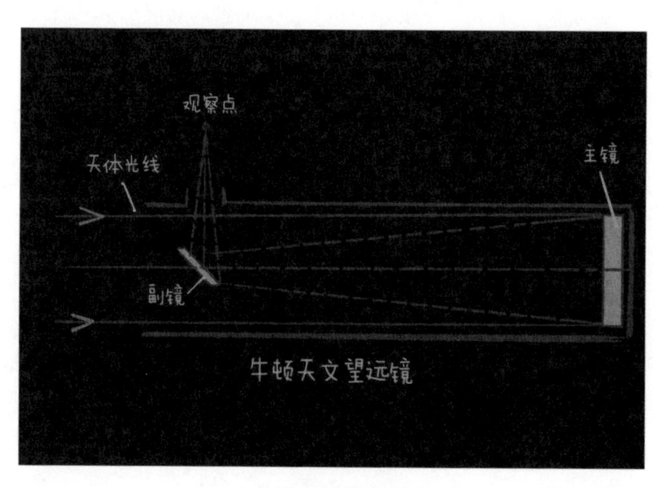

牛顿天文望远镜

折反式望远镜里，比较著名的是施密特望远镜。它的特点是光力强、视场广阔、像质优良，适用于巡天摄影和观测星云、彗星、流星等天体。

另外，按照用途分类，望远镜还可分为光学望远镜、射电望远镜、红外望远镜、X射线望远镜、伽马射线望远镜等。

光学望远镜，是主要用于观测可见光波段天体的望远镜，它是天文观测中最常见和最基础的工具之一。我们平时所用的望远镜基本都是光学望远镜。

射电望远镜，通过接收天体发出的无线电波来进行观测，能探测到光学望远镜无法观测到的天体和现象，例如脉冲星、星系的射电辐射等。目前，全世界最大的射电望远镜就在中国，那就是位于我国贵州的“中国天眼”——FAST。

红外望远镜，擅长观测红外波段的天体辐射，对于被尘埃遮挡的天体以及恒星形成早期等研究具有重要意义。韦伯空间望远镜属于红外望远镜。

X射线望远镜，用于观测天体发出的X射线，例如黑洞周围的吸积盘、高温气体等。钱德拉X射线天文台就是X射线望远镜的代表。

伽马射线望远镜，可以探测到伽马射线波段的辐射，帮助研究极端高能的天体物理过程。费米伽马射线空间望远镜就是伽马射线望远镜。

这些不同类型的望远镜相互补充，帮助我们更全面、更深入地了解宇宙。

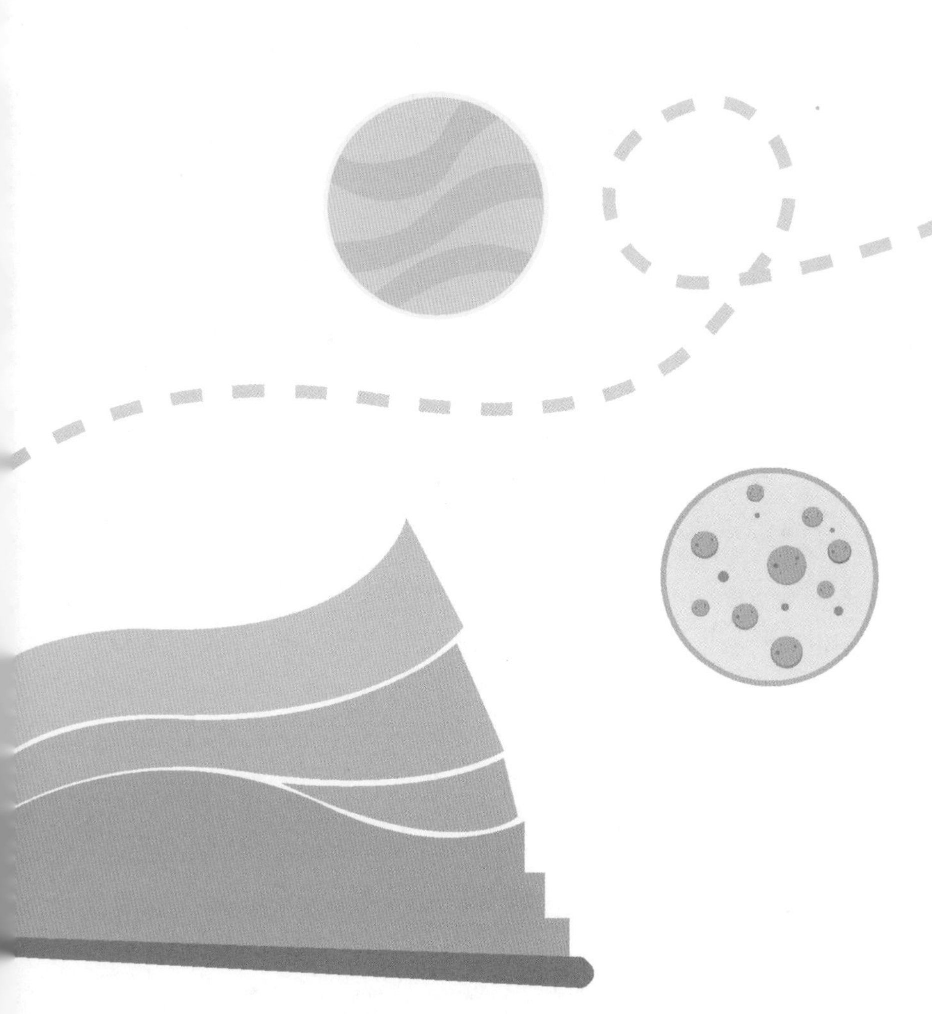

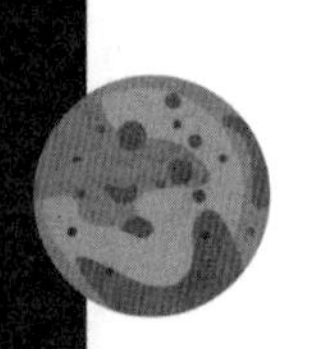

第2节 飘浮在太空中的望远镜——哈勃与韦伯

哈勃空间望远镜

为了更好地研究和观测宇宙，人类想到要把望远镜送上太空，离开地球大气层的干扰，这就是太空望远镜的由来。

你可能会问，大气层会对观测产生什么影响呢？大气层能吸收来自其他天体的各种波段的辐射，有些辐射可以完全被它吸收，只有可见光、射电波和一小部分红光才能抵达地面，被望远镜探测到。即使是可见光，也因为大气的折射、抖动，造成望远镜分辨率低，同时观测精度也受到影响。因此，大气层对天文观测来说，就是一大障碍。所以科学家们才想把“眼睛”送上太空！

自从1957年第一颗人造卫星上天以后，各国先后发射了数以百计的人造卫星及宇宙飞行器用于天文观测。

本节我们的主角是哈勃空间望远镜和韦伯空间望远镜。

哈勃空间望远镜，是以美国著名的天文学家爱德文·鲍威尔·哈勃命名的，哈勃望远镜的口径为2.4米，长度约为13.2米，带有多种观测暗弱天体的仪器。1990年4月，美国用航天飞机把哈勃望远镜送入了距离地面600千米的太空，从那天起，哈勃就肩负起为人类拍摄太空的重任。这也是天文学走向太空的里程碑！

目前哈勃空间望远镜已工作了30多年，拍摄了很多颠覆我们认知的照片，例如，迄今已知的最遥远、最古老的星系群，恒星的形成，超新星爆发，黑洞，美丽的星云等。

哈勃空间望远镜在太空中也会经常“生病”，目前人类已经到太空中给它“治病”——维修了5次，而它的工作时间也已经远远超过了20年的服役期限，科学家们预计它将在2026年前后停止工作，坠入地球大气层，圆满完成使命。

你可能会担心，如果哈勃空间望远镜停止工作，那以后由谁来拍摄太空的照片呢？哈勃空间望远镜已经有了接班“镜”，它就是韦伯空间望远镜。韦伯空间望远镜于2021年底成功发射，质量只有哈勃空间望远镜的一半，口径（主镜直径）却是它的2.7倍，面积是它的7.3倍，这也就意味着它更大、更精密，能探测到更深的宇宙，即使在恶劣的环境下，它也可以正常工作。韦伯空间望远镜是有史以来最强大的太空望远镜！

哈勃空间望远镜距离地球仅仅600多千米，而韦伯空间望远镜则是被送到了距离地球150万千米的太空，这也更利于人类对深空的探索！

韦伯空间望远镜

自从2022年7月正式“开工”以来，韦伯空间望远镜传回了非常多的照片，包括星系、星云和太阳系外巨行星，甚至可能发现了宇宙中最早的已经存在了135亿年的星系，这些发现可能会颠覆我们的认知！

哈勃空间望远镜“生病”时，宇航员可以去太空给它“治病”，但是，韦伯空间望远镜如果“生病”了，宇航员是无法去给它“治病”的。这是因为韦伯空间望远镜的轨道高度是150万千米，而月球距离地球只有38万千米，韦伯空间望远镜与地球的距离是地月距离的4倍，距离地球实在太遥远，所以在它设计上必须保证万无一失，因为它一旦坏掉，以现在的航天技术，人类根本无法将宇航员送上去维修。

与观测可见光、近紫外和近红外波段的哈勃空间望远镜相比，韦伯空间望远镜主要观测红外波段，尤其是中红外和远红外波段，因此，韦伯空间望远镜能探测到更古老、更遥远的天体。

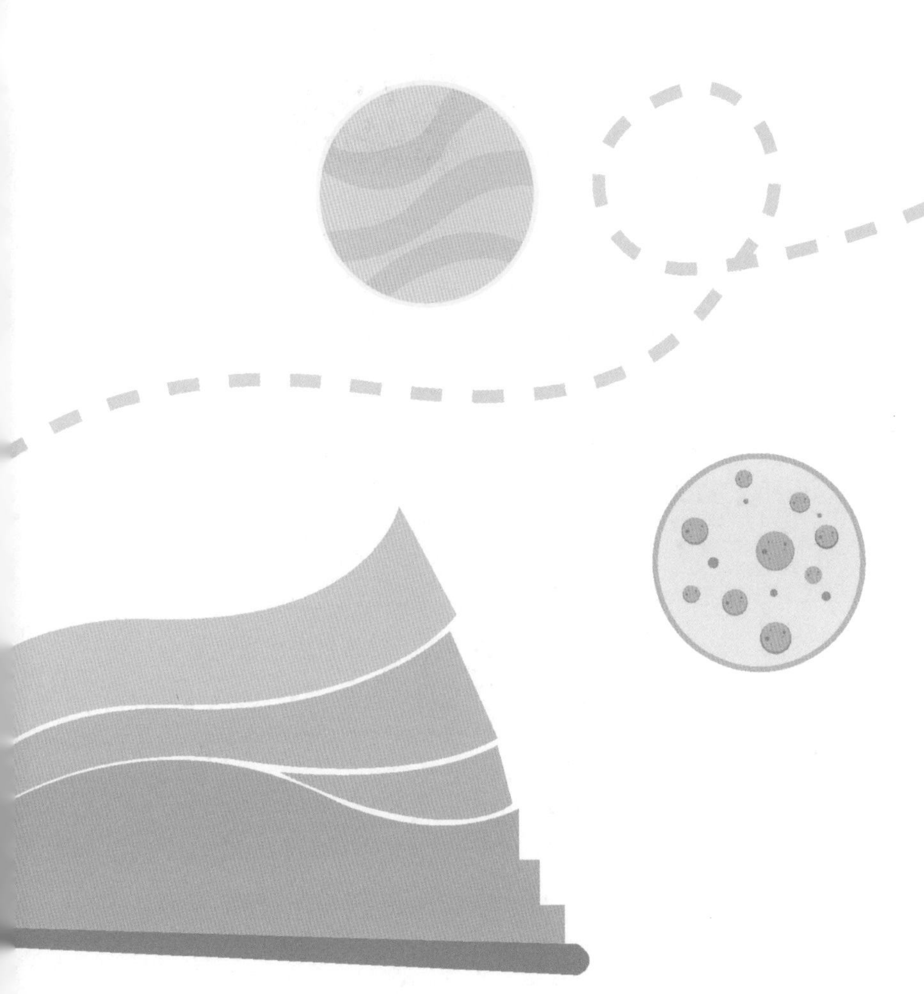

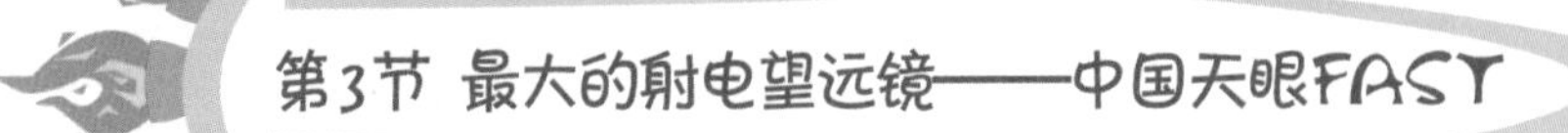

第3节 最大的射电望远镜——中国天眼FAST

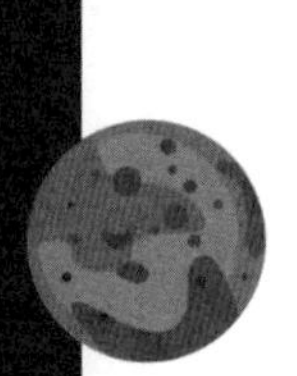

还记得本章第1节中提到的全世界最大的射电望远镜吗？没错，它就是位于我国贵州的天眼——FAST。

中国天眼之父南仁东

在讲解FAST之前，我们先来回忆一下射电望远镜的原理。它通过精确镜面反射投射来的电磁波到达既定焦点，同时射电望远镜又优于光学望远镜，它不会受到地球大气层的影响，能更敏锐地捕捉太空出现的信号，接收肉眼看不见的射电波。然后科学家将这些微弱的射电波收集起来，用于研究来自宇宙的信息。脉冲星、类星体就是通过射电望远镜发现的。

你还记得什么是脉冲星吗？脉冲星是高速自转的中子星。它能够发射严格周期性的脉冲信号，这种信号非常稳定，它能够让我们更好地研究宇宙是如何诞生和演化的，还可以将其应用于深空探测，对星际旅行甚至可以起到定位导航的作用。

接下来，我们就一起来认识一下中国天眼。

FAST，它的全称是500米口径球面射电望远镜，它是由人民科学家南仁东（中国天文学家，1945—2017年）于20世纪90年代提出构想，历时20余年建设完成的巨型射电望远镜，也是目前世界上最大单口径、最灵敏的射电望远镜。FAST形状像一口大锅，总重量在2000吨以上，反射面的总面积达到25万平方米，相当于30个足球场大小，在未来20年内，FAST都可以保持世界一流设备的地位。别看FAST块头这么大，但丝毫不影响它“灵巧移动”“精准定位”“强力观测”的能力。

那么，中国天眼究竟有多厉害呢？

首先，中国天眼能收集到宇宙137亿光年以内的信号，有助于我们寻找外星文明，虽然现在还未曾发现过外星生命的身影，但是在这浩瀚的宇宙中，科学家经常能发现一些无法解释的宇宙现象。或许这些现象就来自地外文明，只是我们不知晓而已。

其次，中国天眼已经发现900多颗脉冲星，这为未来我们太空旅行提供了很好的导航系统。

再者，中国天眼可以研究几乎与宇宙大爆炸同龄的“老人家”——中性氢，用于探寻研究宇宙中性氢原子分布、星系结构等，帮助人类解开起源于138亿年前宇宙大爆炸之谜。

中国天眼——FAST

中国天眼从投入使用到目前为止，发现了唯一一例持续活跃的重复快速射电暴，这种快速射电暴是宇宙中最明亮的射电爆发现象，在1毫秒的时间内释放出太阳大约一整年才能辐射出的能量。中国天眼发现的900余颗脉冲星，更是为天文学的研究积累了很多观测数据和成果。

很显然，中国天眼已经进入了成果爆发期，期待它能为我们揭开更多宇宙奥秘。

中国天眼发现的900余颗脉冲星中，包括120颗双星脉冲星、170颗毫秒脉冲星、80颗暗弱的偶发脉冲星，这些发现极大地拓展了人类观察宇宙视野的极限。

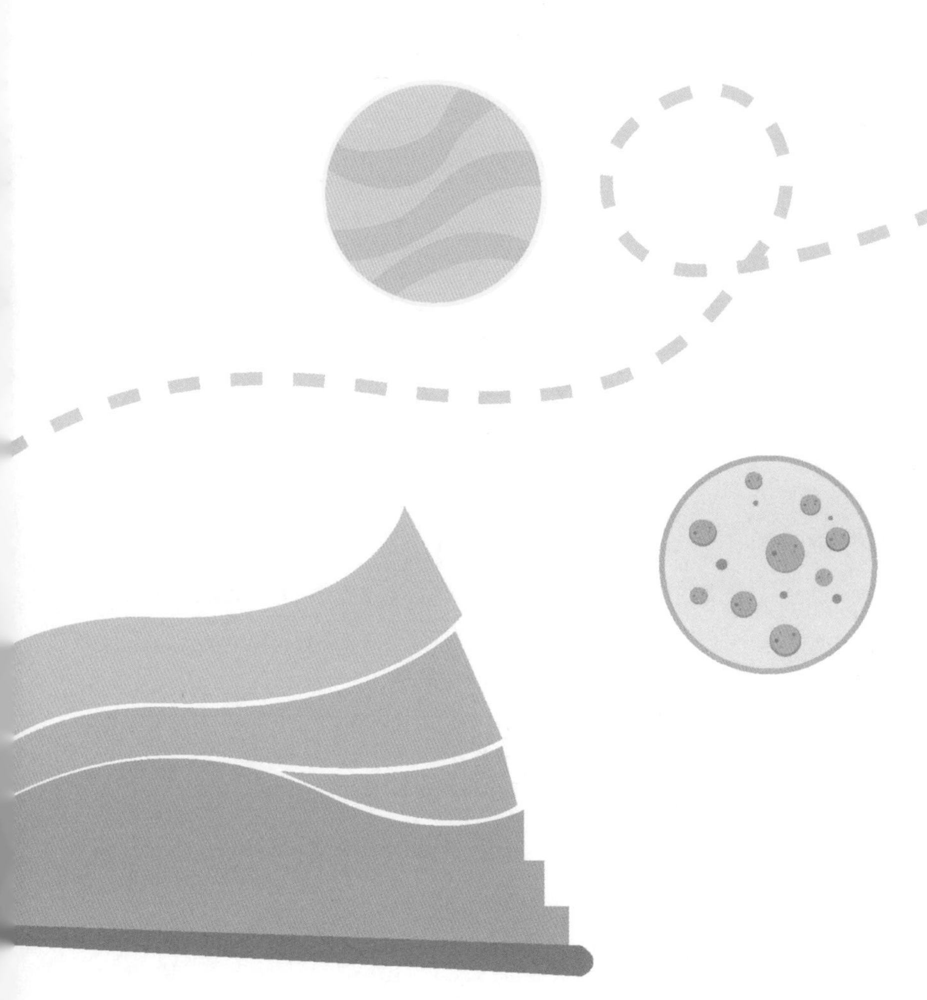

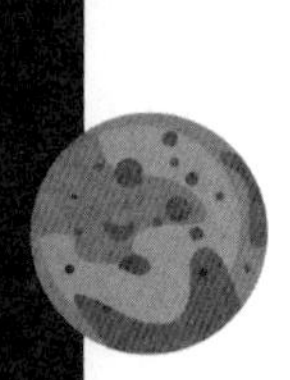

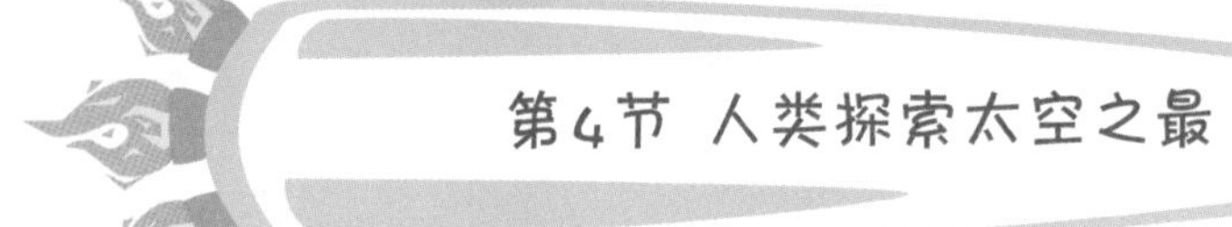

第4节 人类探索太空之最

首次进入太空的宇航员——加加林

太空的奥秘一直是人类探索的目标。人类对太空的每一次探索都让我们对宇宙有新的认知。

从1961年人类首次进入太空以来，已过去了60多年。让我们一起来了解人类探索太空之最。

第一颗人造卫星

1957年10月4日，苏联成功地将世界上第一颗绕地球运行的人造卫星送入轨道。

第一次进入太空

1961年4月12日，苏联宇航员尤里·阿列克谢耶维奇·加加林乘东方1号飞船升空，历时108分钟，代表人类首次进入太空。

1965年3月18日，苏联宇航员列昂诺夫走出飞船，停留12分钟，首次实现人类的太空行走。

第一位牺牲的宇航员

1967年4月24日，苏联宇航员科马洛夫乘联盟1号飞船返回地面时，因降落伞未打开，成为第一位为航天事业牺牲的宇航员。

第一次进入月球轨道

1968年12月21日，美国的土星5号火箭发射升空，它携带的阿波罗8号飞船乘坐着3名航天员。在12月24日上午，机组抵达了月球轨道并进入环绕月球的轨道运动。这是人类第一次环绕月球飞行。

第一次月球行走

1969年7月21日，美国宇航员阿姆斯特朗走出阿波罗11号飞船的登月

舱，在月球表面停留了21小时18分钟，成为人类踏上月球的第一人。

中国第一颗人造卫星

1970年4月24日，中国第一颗人造地球卫星东方红一号成功发射，由此开创了中国航天的新纪元。

中国第一颗人造卫星——东方红一号

第一次到达火星

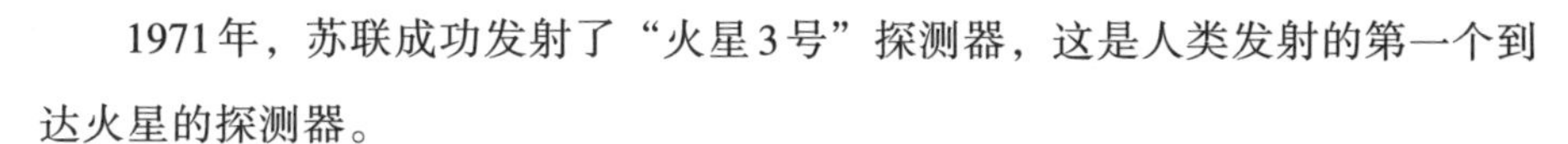

1971年，苏联成功发射了“火星3号”探测器，这是人类发射的第一个到达火星的探测器。

第一座空间站

1971年4月19日，苏联发射了世界上第一座空间站“礼炮1号”，开辟了载人航天的新领域。

飞得最远的探测器

1977年9月5日发射的旅行者1号探测器，是目前离开地球最远的人类飞行物，目前已远离地球200多亿千米，处于太阳系的柯伊伯带区域。

航天员

第一架航天飞机

1981年4月12日，第一架航天飞机“哥伦比亚”号在卡纳维拉尔角肯尼迪航天中心发射成功，揭开了航天史上新的一页。

中国第一艘宇宙飞船

1999年11月20日凌晨6时，“神舟一号”在酒泉航天发射场发射升空，在轨21小时后，成功着落内蒙古，是中国载人航天工程的首次飞行，标志着中国在载人航天飞行技术上有了重大突破，是中国航天史上的重要里程碑。

中国第一艘载人航天飞船

2003年10月15日，北京时间上午9时，宇航员杨利伟乘由长征二号F火箭运载的神舟五号飞船首次进入太空，是我国第一位进入太空的人。

最大的空间站

2010年建成国际空间站，总重量423吨，长110米，宽88米。有6个实验室，33个标准有效载荷柜，可载6~7人，这是迄今最大的空间站。

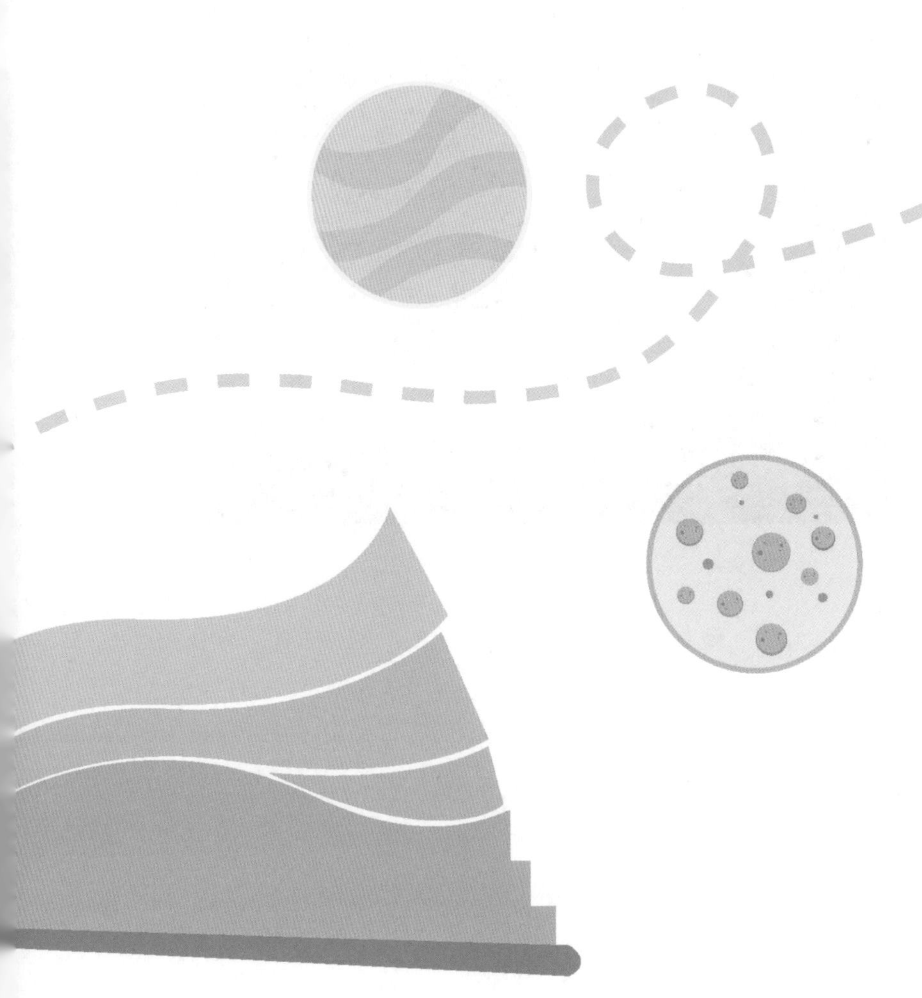

第5节 人造卫星有何作用？它们会在太空中相撞吗？

我们都知道，卫星分为两种，一种是天然卫星，一种是人造卫星。天然卫星是在宇宙变幻的过程中自然产生的，例如，地球的卫星——月球。而人造卫星则是人类利用火箭或者其他运载工具发射到太空去的。用专业的词汇来说，人造卫星是环绕地球在空间轨道上运行的无人航天器。

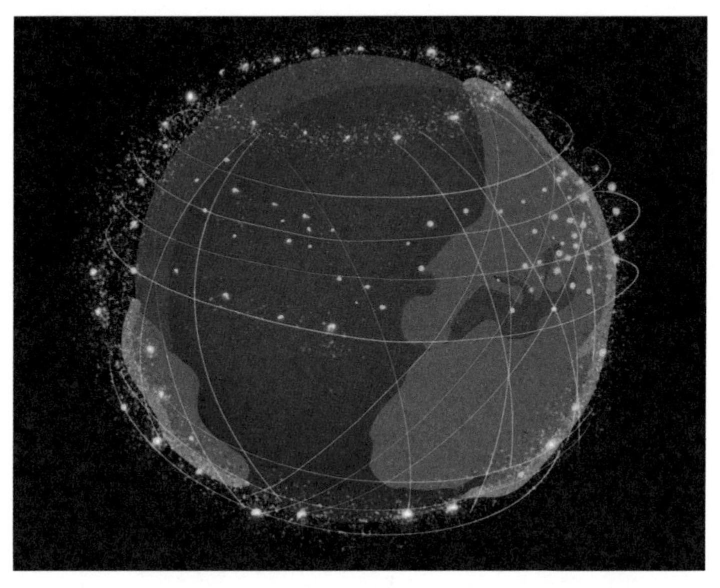

地球上空的人造卫星

还记得世界上第一颗人造卫星是哪一年上天的吗？1957年，苏联发射的。而我国的第一颗人造卫星“东方红一号”是在1970年发射的。苏联发射人造卫星时，中华人民共和国刚成立，科学家们看到苏联和美国相继发射卫星，深深觉得中国也有必要研究和发射卫星，他们克服了重重困难，从无到有，从有到优，经过数十年的努力，终于成功地将我们的卫星发射到太空！

我们为什么要发射卫星呢？这就要从卫星的重要性说起。

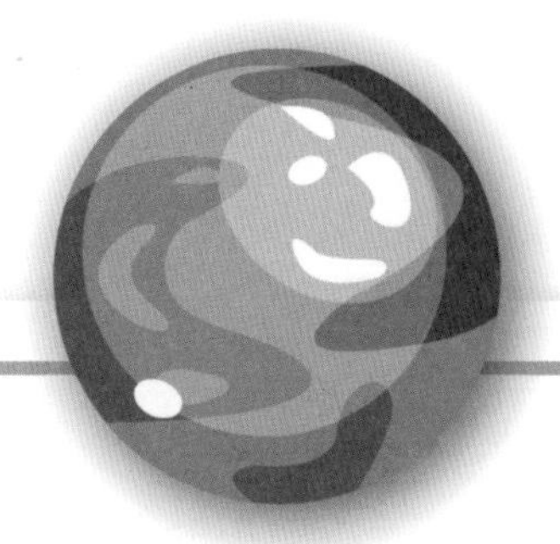

人造卫星有很多种类，如军事卫星、气象卫星、探测卫星、通信卫星等，这些卫星为我们的生活提供了很大的便利，例如，我们打电话、上网和导航、预报天气等都需要借助卫星，如果没有卫星也就没有我们现在的便捷生活。

另外，能将卫星成功送上太空，也是一个国家科技实力的象征。

截至目前，地球的上空大概有上万颗人造卫星在绕着地球运转。那问题来了，这么多人造卫星，它们会不会相撞呢？相撞的概率非常小，但是也曾经发生过。

首先，在人造卫星被火箭送入太空后，根据任务的不同，划定了不同的运行轨道。这就意味着，不同高度的卫星基本上不会发生相撞的事故。

卫星相撞瞬间

那么，卫星分为哪些运行轨道呢？人造卫星一般分为低轨道、中高轨道、地球同步轨道、地球静止轨道、太阳同步轨道等。低轨道和中高轨道卫星一天可绕地球飞行几圈到十几圈，不受领土、领空和地理条件的限制，视野非常广阔。当然，也有些卫星与地球的自转周期是完全相同的，也就是卫星被发射到太空后，我们会看到它一直在同一个位置，这样的卫星被称为静止卫星。例如，目前绝大多数通过卫星的电视转播和通信都是由静止通信卫星实现的。

其次，卫星虽然在太空，但是依然可以接收到人类给它的指令，在服役期满后，它们要么坠向地球，在大气层燃烧殆尽，要么被弹到了更深的太空中，不会继续留在原定轨道。

2009年，美国与俄罗斯的两颗卫星在西伯利亚上空发生了相撞，相撞时速达到了5400千米，数以千计的碎片成为太空垃圾，这些碎片至今仍飘浮在太空中，这些太空垃圾碎片对宇航员和仍在服役的人造卫星存在着潜在的威胁。如何处理这些太空垃圾也成了一大难题！

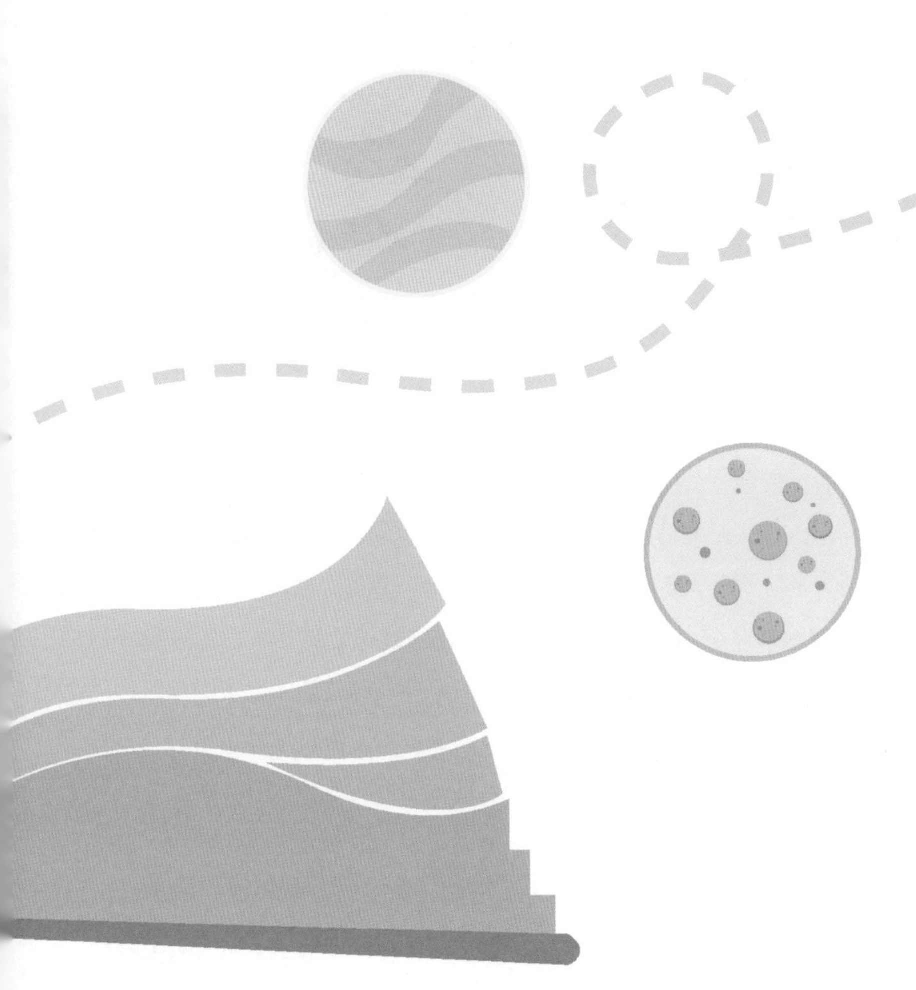

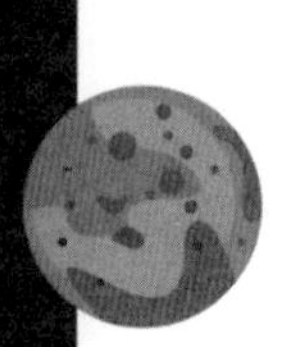

第6节 为什么要把火箭造成一节一节的？

你肯定玩过气球吧！如果把气球吹起来，然后一松手，它就会满屋子乱飞，直到里面的气体排空才停下来。其实，火箭之所以能够飞起来，也是因为同样的道理！

吹气球

火箭发射时，发动机会向后喷出大量气体，强大的气流就像气球排气一样产生巨大的反作用力，从而推动火箭冲出大气层。但只靠一个发动机的动力根本不能把火箭送到天上，所以火箭都是一节一节的，每一节都有燃料。每烧完一节就扔掉一节，这样火箭就会越飞越轻，速度也就越来越快。再加上离地球越来越远，地球引力和空气阻力都随之减小，火箭便可以顺利地飞到太空了。

航天器在脱离地球时用了大量的燃料，进入太空后，燃料还够用吗？

其实航天器到了太空里，就不再需要燃料助推了。

航天器之所以要装载燃料，是因为这些燃料可以为它提供足够的动力，以克服地球对它的引力，以及来自大气的阻力，当航天器脱离了大气层，远离地球，到达太空后，就不受空气阻力和地球引力的影响了。阻力没有了，就可以依靠惯

性飞行，自然也就不需要燃料了。

目前国际上的卫星发射有三种方式：一是地面发射，二是空中发射，三是海上发射。我国有四大地面卫星发射基地，分别是酒泉卫星发射中心、西昌卫星发射中心、太原卫星发射中心和文昌卫星发射中心。

酒泉卫星发射中心位于我国四大发射基地之首，定位是“载人航天发射基地”，现在所有的载人航天都在这里发射；太原卫星发射中心，其定位是“中国试验卫星应用卫星和运载火箭发射试验基地”，基地发射主要以卫星为主；西昌卫星发射中心，主要以发射地球同步轨道卫星和通信卫星为主；文昌卫星发射中心，最大的特点就是低纬度（北纬19°），是世界六大低纬卫星发射中心之一，因为低纬度的巨大优势，我国未来的航天重心会逐步向文昌倾斜。

中国长征五号运载火箭

那么，为什么低纬度对卫星发射有优势呢？

一是纬度越低，地球的自转速度越快，火箭飞行速度是运载火箭的速度与地球自然速度的相加，运载火箭速度相同的情形下，地球的转动速度越快，被发射卫星的速度越大。从而可以达到节省燃料、增加载荷的目的。

二是飞行距离短，从靠近赤道的发射场发射地球静止轨道卫星时，可使卫星的飞行轨道越靠近地球静止同步轨道，可以节省卫星发射所需要的能量，也可以延长卫星运行寿命。

海上发射也是我们国家火箭发射研究的项目，海上发射的优势在于发射平台的可移动性，可以根据发射需求选择不同的发射地点，而且火箭的燃料落区可能都在公海上，不必担心落在居民区产生危险。位于山东省海阳市的中国东方航天港就是我国首个海上火箭发射基地。

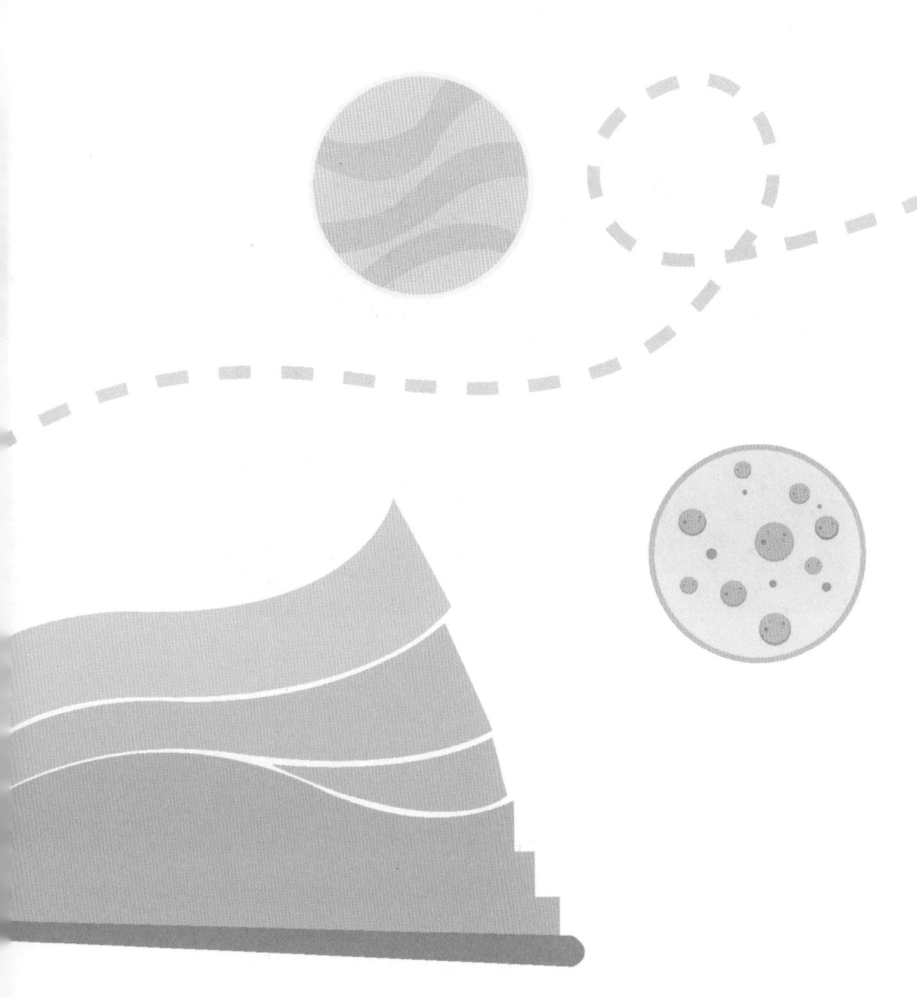

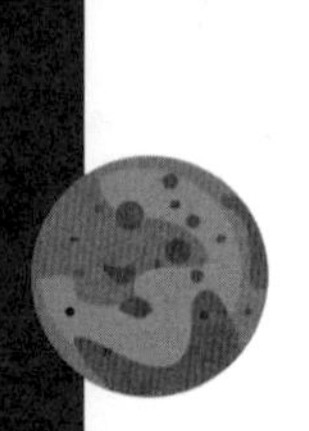

第7节 阿波罗登月的秘密

你知道第一个登陆月球的人是谁吗？你知道人类共登陆过几次月球吗？你知道登陆月球的难度有多大吗？

飞到月亮上去，是人类千百年来的梦想。嫦娥飞天，吴刚伐桂，白兔捣药，这些故事都寄托着中国人对月亮的想象。

1959年，苏联发射“月球一号”探测器，从此，人类便开始了对月球的近距离探索。

迄今为止，人类共登陆月球6次，有12人登陆过月球，而且全部是在50多年前的1969年到1972年的3年时间里，这项庞大的登月任务就是著名的“阿波罗登月计划”。

阿波罗登月任务

阿波罗登月计划分为两部分，一部分是发射航天器绕月飞行，探测情况；另一部分是发射载人航天，登陆月球。

为了能够实现最终的登月任务，美国在1963—1966年共发射了10次航天器环绕地球轨道飞行，1967年开始的阿波罗1号到1969年的阿波罗10号也在为人类登上月球做铺垫。

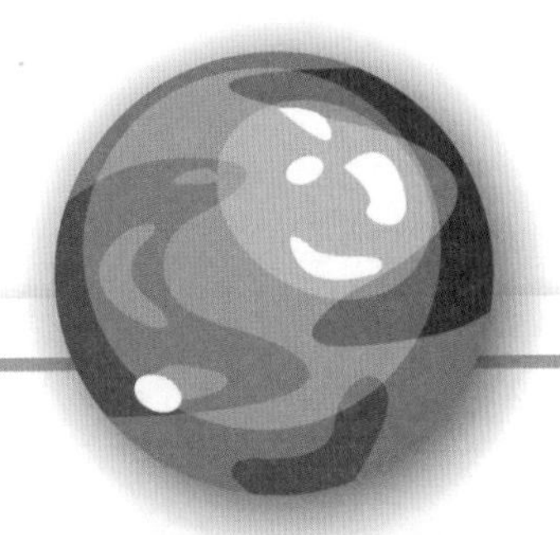

★ 阿波罗1号命运多舛，航天器还在演练起飞的过程中就失火了，导致两名工作人员牺牲。

★ 阿波罗5号使用土星5号运载火箭在地球轨道首次试飞。

★ 阿波罗7号首次搭载3名航天员在地球轨道进行了绕地163圈的测试。

阿姆斯特朗和他的月球脚印

★ 1968年的阿波罗8号搭载3名航天员首次离开地球，进入月球轨道，围绕月球飞行10圈后，安全返回地球。

★ 阿波罗9号是第一艘搭载登月舱的飞船。重点测试人在太空环境中的反应和失重状态。

★ 阿波罗10号搭载3名航天员飞到距离月球表面15千米范围内。

★ 1969年7月16日，阿波罗11号飞船由土星5号运载火箭成功发射，沿轨道飞行3天后的7月20日，无数人紧盯着电视，见证了阿波罗11号航天员的登月，阿姆斯特朗成了人类历史上第一个登上月球的人。说出了那句被后人奉为经典的话：“这是我个人的一小步，却是人类的一大步。”

★ 阿波罗12号，两名航天员在月球待了32小时，并收集了大量的月球土壤返回地球。

★ 阿波罗13号，在发射两天后，服务舱发生了严重的爆炸事故，但是航天员仍旧安全返回了地球。

★ 阿波罗15号，驾驶了第一辆月球漫游车穿越了月球表面28千米。

★ 阿波罗16号，航天员在月球表面采集了95千克岩石样品返回地球。

★ 阿波罗17号，于1972年12月7日发射，12月11日登陆月球，12月19日返回地球。这是阿波罗计划中的第11次载人任务，是人类第6次成功完成载人登月任务，也是人类迄今为止最后一次载人登月任务。航天员驾驶月球车行驶了30千米，并收集了110千克月球岩石返回地球。

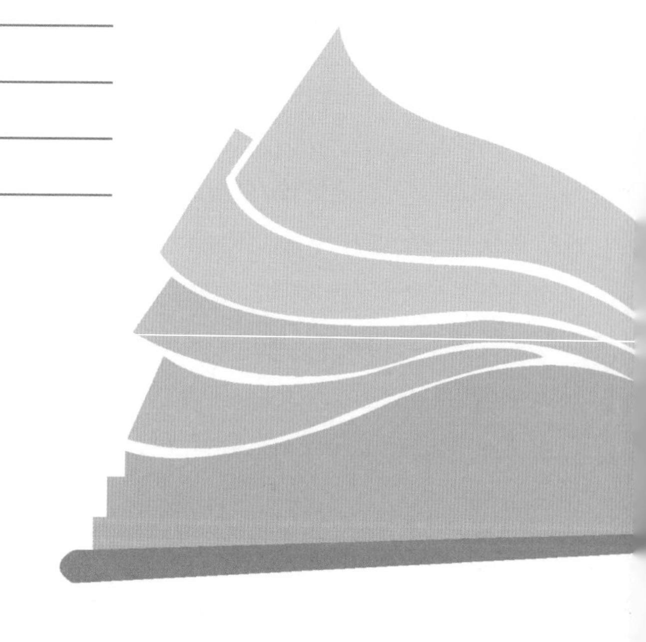

虽然距离人类上次登陆月球已有50多年了，但是人类仍在不停地对月球进行探索，中国计划在2028年前后把宇航员送上月球，美国也重启了载人登月的任务。下一次载人登月，我们拭目以待！

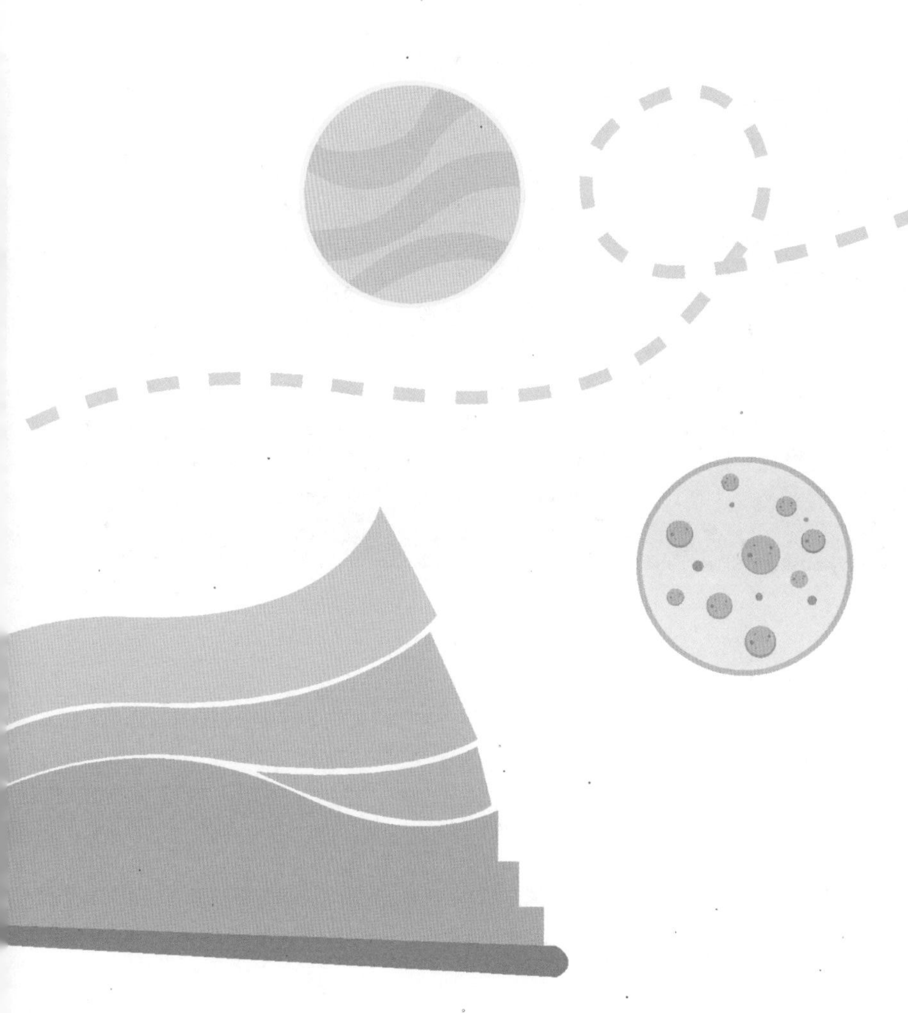

第8节 人类飞行最远的探测器——旅行者1号

你知道目前人类发射的飞行最远的探测器是哪一艘吗？它就是发射于1977年9月5日的旅行者1号，这是美国国家航空航天局（NASA）研制的一艘无人外太阳系空间探测器，目前旅行者1号已经飞行了近50年，旅程有240多亿千米，但现在仍处于太阳系的柯伊伯带。

孤独的旅行者1号

旅行者1号的主要目标是探索太阳系行星研究及星际深空，1978年9月旅行者1号离开小行星带；1979年3月旅行者1号近距离“拜访”木星，拍摄到了木星背阳面的极光；1980年11月旅行者1号近距离“探访”土星，发回万余张彩色照片，探测到土星环的复杂结构，也对土卫六的大气层进行了观测；1990年2月，旅行者1号的相机面向太阳，拍摄了一系列太阳和行星的照片，这是我们从外部看到的第一张太阳系“全家福”。

目前，旅行者1号处在广袤的柯伊伯带。相应的，它的任务也已经变为探测太阳风顶，以及对太阳风进行粒子测量。旅行者1号除了是飞行最远的探测器外，还携带了一张铜质镀金唱片，即使在10亿年之后，这张唱片的音质依然和新的一样。它的内容包括用55种人类语言录制的问候语和各类音乐，另外，光盘上还有115幅影像，包括太阳系各行星的图片、人类的图像及说明等，这些数据旨在向“外星文明”表达来自太阳系地球的问候。

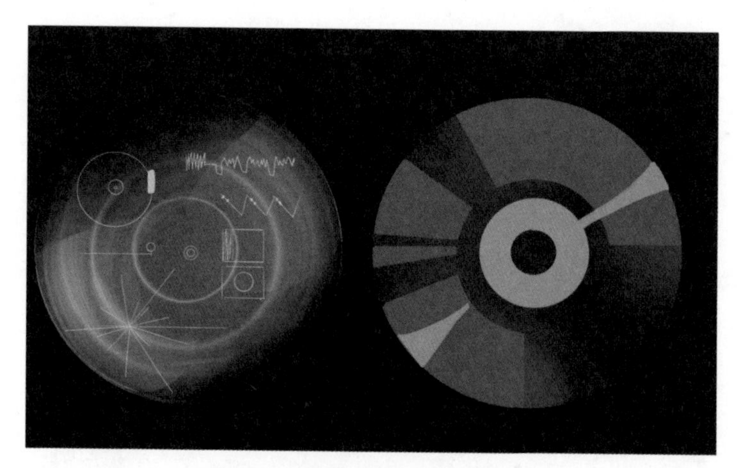

旅行者1号携带的铜质镀金唱片

另外，在唱片的封套上有一块金属元素铀，它的半衰期是45亿年。假如有一天外星人捕获了旅行者1号，可以推导出它的发射时间。

旅行者1号已经进入了星际空间，离我们越来越远，地球上发出的信号要经过20多个小时才能被旅行者1号接收到，而旅行者1号的回复也要经过20多个小时才能被地球接收到。这种由空间距离导致的信号延迟问题，目前是无法解决的。

你可能会问，距离这么远，我们是通过什么接收旅行者1号的信号呢？美国在20世纪60年代就建造了一个非常强大的信号接收系统，叫作深空网络，它主要就是用于星际通信。如果我们国家想要发射自己的星际航天探测器，同样也需要深空网络，否则是无法接收探测器发回来的信号。

2025—2030年前后，旅行者1号的电量就会彻底耗尽，到时就会与地球失去联系，并且由于它现在已经达到了第三宇宙速度（16.7千米/秒），这意味着轨道再也无法引导它回到太阳系，最终将成为飘浮在宇宙中的一艘“流浪探测器”，但想要流浪出太阳系，估计还要1万多年。

你觉得未来，旅行者1号会被外星人捕获吗？

第9节 坠入土星大气层的探测器——卡西尼号

1655年，荷兰科学家惠更斯用望远镜观察土星时，发现了土星光环。1675年，法国科学家卡西尼在对土星光环进行观测时，发现在这个光环的中间有一条黑暗的缝隙，这条缝隙把光环分为内外两部分，此缝被命名为卡西尼缝。从那以后，人们对于土星光环充满了无限的遐想。

乔凡尼·多美尼科·卡西尼
（1625—1712年）

克里斯蒂安·惠更斯
（1629—1695年）

1977年发射的旅行者1号在经过土星的卫星土卫六时，发现土卫六上居然有浓厚的大气层，这也许意味着生命的存在。于是人类对土星及土卫六的探测提上了日程。

1997年由美国国家航空航天局和欧洲航天局合作的卡西尼号探测器被发射到飞往土星的轨道。这个由17个国家共同制造出的航天器，主要任务是对土星及其卫星进行空间探测，测量土星环的三维结构和动态行为。另外，卡西尼号还携带了一个着陆土卫六泰坦星的探测器——惠更斯号。卡西尼号和惠更斯号这两个探测器正是用两位科学家的名字命名的，他们分别是法国天文学家乔凡尼·多美尼科·卡西尼和荷兰物理学家克里斯蒂安·惠更斯。

卡西尼号在经过6年8个月、35亿千米的漫长太空旅行之后，于2004年7月1日顺利进入土星轨道。看到这里，你可能会有疑问，为什么卡西尼号飞了这么久才进入土星轨道呢？因为它本身无法携带太多的燃料，而没有足够的燃料它就要借助行星的引力弹弓效应来增加速度，因此需要不停地调整自己的轨道。在经历了几次行星的加速度后，它才能顺利地到达土星轨道。抵达土星后不久，它所

携带的惠更斯号就与它分离，惠更斯号于2005年降落在土卫六上。

卡西尼号对土星进行了长达13年的科学考察，其中4年是在对土星进行拍照和研究，围绕着土星转了76圈，发现了7颗之前人类未发现的土星的卫星，然后继续对土星的卫星进行了考察。在为期13年的对土星及其卫星的探测期间，卡西尼号向地球发回了上万张照片。

2017年卡西尼号燃料即将耗尽，如果任由它以自由飘浮的方式落入土卫二或土卫六，它所携带的3颗RTG（放射性热电发电机）仍会源源不断地释放热量，这样可能导致冰层融化，它会沉入不知道是否有生命的地下海洋或湖泊，从而可能会给海洋和湖泊带去辐射。同时人类也担心卡西尼号上携带了地球上

卡西尼号对土星进行科学考察

的微生物，这些微生物也许会污染土卫六和土卫二的生态系统，经过研究，科学家决定让卡西尼号撞上土星，冲进土星大气层，被高温分解烧毁。

在冲向土星的过程中，卡西尼号化作无数流星，成为土星的一部分，就这样，它伟大壮烈地谢幕了。即便是在生命的最后一刻，卡西尼号也努力地将最后的信号传回地球。当人类收到它的信号时，它实际上已经坠毁了。

伟大的卡西尼号，它将一生都奉献给了人类，奉献给了土星。

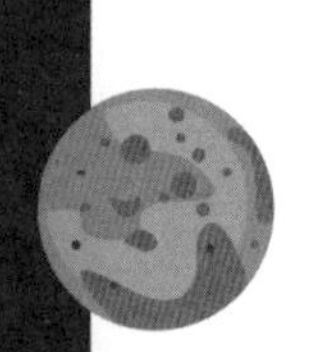

第10节 着陆小行星的探测器——隼鸟号

隼鸟1号着陆小行星“丝川”

通过行星研究来揭开太阳系形成初期的奥秘是不大可能了，因为行星不断地被陨石小行星撞击，同时受到自身引力的吸引，其原始地貌早已发生了变化。但在太阳系中存在一种“活化石”，通过它可以研究太阳系形成初期的奥秘。那么，这种“活化石”到底是什么天体呢？它就是小行星，它的原始面貌不曾改变。

于是人类准备开始探索小行星，期待能从中获取一些太阳系形成初期的信息，通过对小行星的研究，我们可以更好地还原太阳系早期的演化史。

隼鸟号是日本宇宙航空研究开发机构的小行星探测计划。2003年隼鸟1号探测器从日本发射，原计划探测目标是小行星4660（编号），但因为探测器的设计出了问题，导致隼鸟1号无法到达小行星4660，于是隼鸟1号的发射延期了一次，探测目标改成了小行星1989ML（编号）。但发射火箭又出了问题，不得不再延期一次，这时候小行星1989ML也飞远了，最终把目标定为当时轨道位置合适的小行星“丝川”。

小行星“丝川”是一颗会穿越火星轨道的阿波罗小行星，其外形像一只可爱的水獭，长度仅为535米，如果你在丝川上跑步，从一头到另一头仅需要2分钟。

隼鸟1号历经两年半的飞行，经过了九九八十一难，曾经一度与地球失去联系，终于抵达了小行星“丝川”并成功着陆，但此时的探测器，4台发动机坏了2台。在取得小行星土壤样本后，隼鸟1号返航地球，但是返航的过程也不顺利，因为探测器出现了燃料泄漏的问题，所以返回地球的时间比预计的时间推迟

了约3年，直到2010年6月13日才返回地球。在经历了主体燃烧殆尽之后，采样的返回舱成功地降落在澳大利亚。

隼鸟1号探测器的飞行总里程接近60亿千米，大约相当于地球与太阳平均距离的40倍。

隼鸟1号带回了约1500粒来自小行星“丝川”的岩石颗粒，在这些颗粒中，科学家发现了橄榄石，但并未发现与生命有关的碳元素。

命途多舛却大难不死的隼鸟1号是世界上第一艘成功从小行星采集到样品并返回地球的探测器，也是第一艘成功在小行星表面进行停留并离开的探测器。

之后日本又于2014年发射了隼鸟2号探测器，隼鸟2号探测器的目标是与小行星“龙宫”相遇，“龙宫”是一颗外形为正方形的小行星，距离地球约3.4亿千米，直径约1千米，比“丝川”更原始。

隼鸟2号飞往小行星“龙宫”

隼鸟2号在2018年抵达小行星“龙宫”，分两次采集了“龙宫”的表面物质，还采集了一次地下物质。经过了6年的飞行，隼鸟2号的返回舱于2020年在澳大利亚成功着陆。

2022年，科学家从隼鸟2号带回的岩石样本中发现了生命所需的重要元素——氨基酸，这也是人类首次在地球以外的地方发现氨基酸的存在！

另外，值得注意的是，2020年回到地球的只有返回舱，隼鸟2号还在继续执行它的使命，向编号1998KY26的小行星前进，大约在2031年到达该小行星并进行采样。

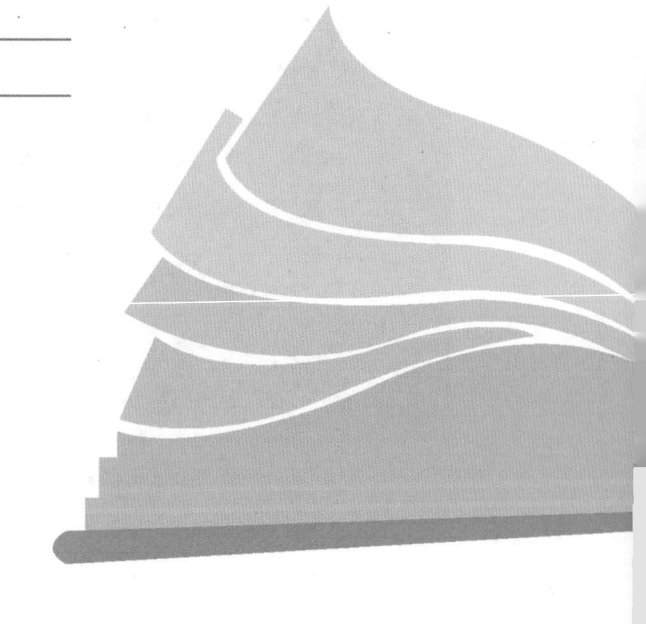

我们也期待隼鸟2号为我们带来更多的惊喜！

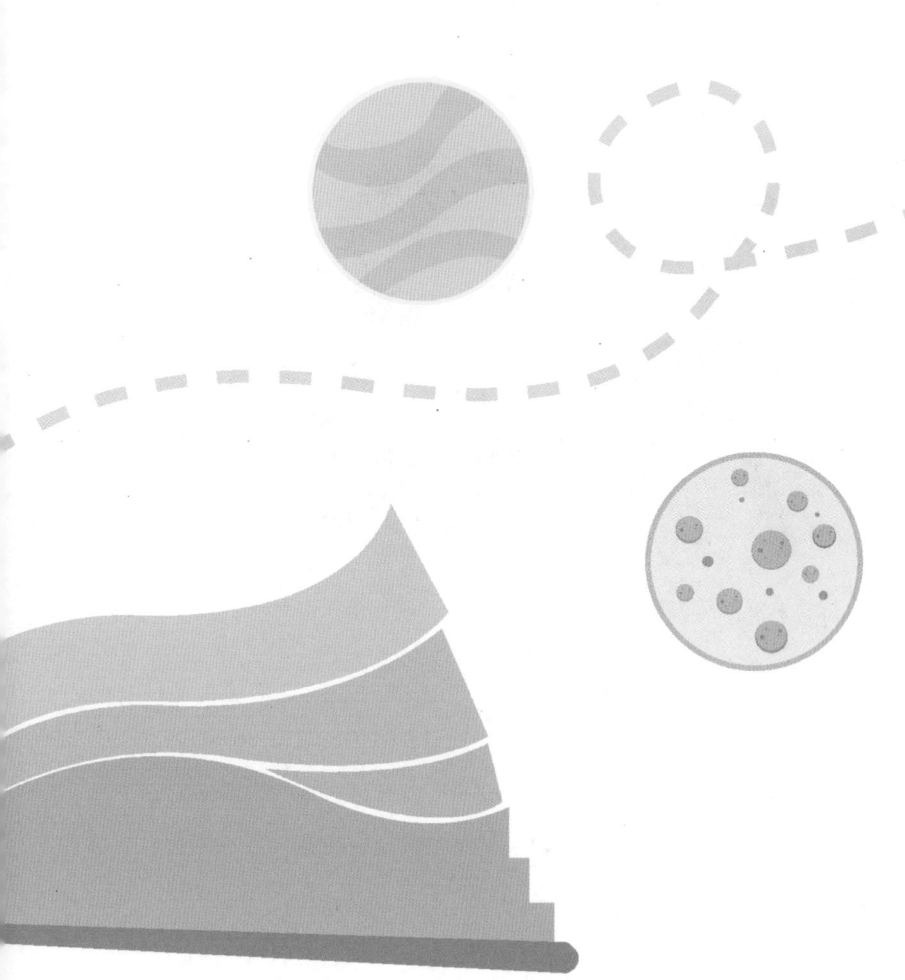

第11节 抵达柯伊伯带的探测器——新视野号

1930年，美国科学家克莱德·威廉·汤博发现了冥王星。从那以后，人类就开始对冥王星进行探索，但因为冥王星太小，距离又太远，即使使用哈勃空间望远镜也只能看到一个圆点而已，所以人类对冥王星的了解非常少，甚至一度认为它是第九颗行星。

而随着对冥王星的观察，我们也发现了距离它很近的另一个星球——卡戎。至于卡戎是冥王星的卫星，还是与冥王星一样都是柯伊伯带的矮行星，到现在仍没有定论。

克莱德·威廉·汤博（美国天文学家，1906—1997年）

于是人类就想发射冥王星探测器，让它代替人类去了解这颗遥远而神秘的星球。

因此“新视野号”探测器应运而生，它的主要目标是实现人类首次对冥王星等柯伊伯带天体的探测任务，以寻找太阳系起源和演化的线索。

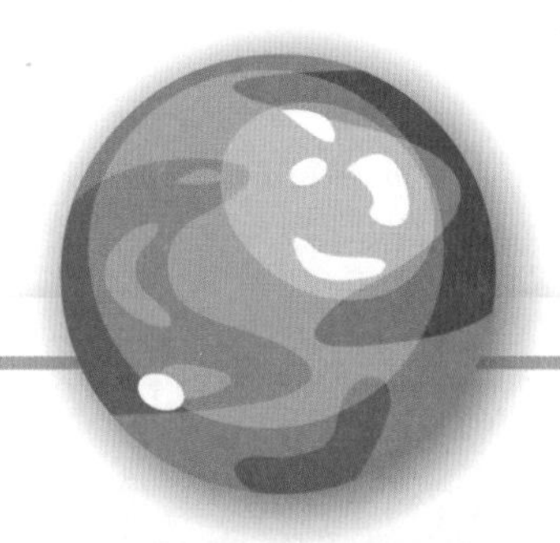

2006年1月19日，NASA成功发射了“新视野号”，58 500千米/小时的速度让它成为迄今为止从地球发射的最快人造飞行物体。

“新视野号”探测器

有趣的是，在“新视野号”探测器飞向冥王星的过程中，天文学会却将冥王星从九大行星中“开除”了。“开除”冥王星的原因你还记得吗?

“新视野号”经历了漫长的9年太空飞行才到达冥王星，中途路过木星，并拍摄了很多关于木星及其卫星的图片。2015年7月，即在被人类发现的第85年后，柯伊伯带的冥王星终于迎来了它的第一位地球访客——“新视野号”探测器。

“新视野号”探测器对于人类探索冥王星及其卫星起到了非常大的作用，现在看到的所有关于冥王星的照片和资料几乎都来自它。截至2023年，孤独地穿梭在柯伊伯带的“新视野号”已经距离太阳51个天文单位，约合76.5亿千米。这个距离已经远远超出了我们的想象，即便光速飞奔也得花费7个小时。这意味着，地面工作小组与“新视野号”完成一次来回通信大约需要14个小时。

2019年2月23日，NASA公布了“新视野”号探测器发回的一组图片，揭开了人类迄今探测的最遥远的太阳系天体之一——“天涯海角”的地貌特征。

除了探索，“新视野号”探测器还携带了一个骨灰盒，里面放的就是冥王星的发现者克莱德·威廉·汤博的骨灰。就是为了能够让克莱德·威廉·汤博能够“看到”他所发现的星球，虽然他不能亲眼看到，但这也代表了对他的敬仰和认可。

目前“新视野号”探测器带着我们的希望继续遨游在广阔的太空之中，它正在研究24颗小型天体，不断地给地球传回信息和数据。

科学家预计“新视野号”探测器的燃料和电力可以供它工作到2035年甚至更久，期待它在未来能给我们揭开更多关于柯伊伯带的奥秘。

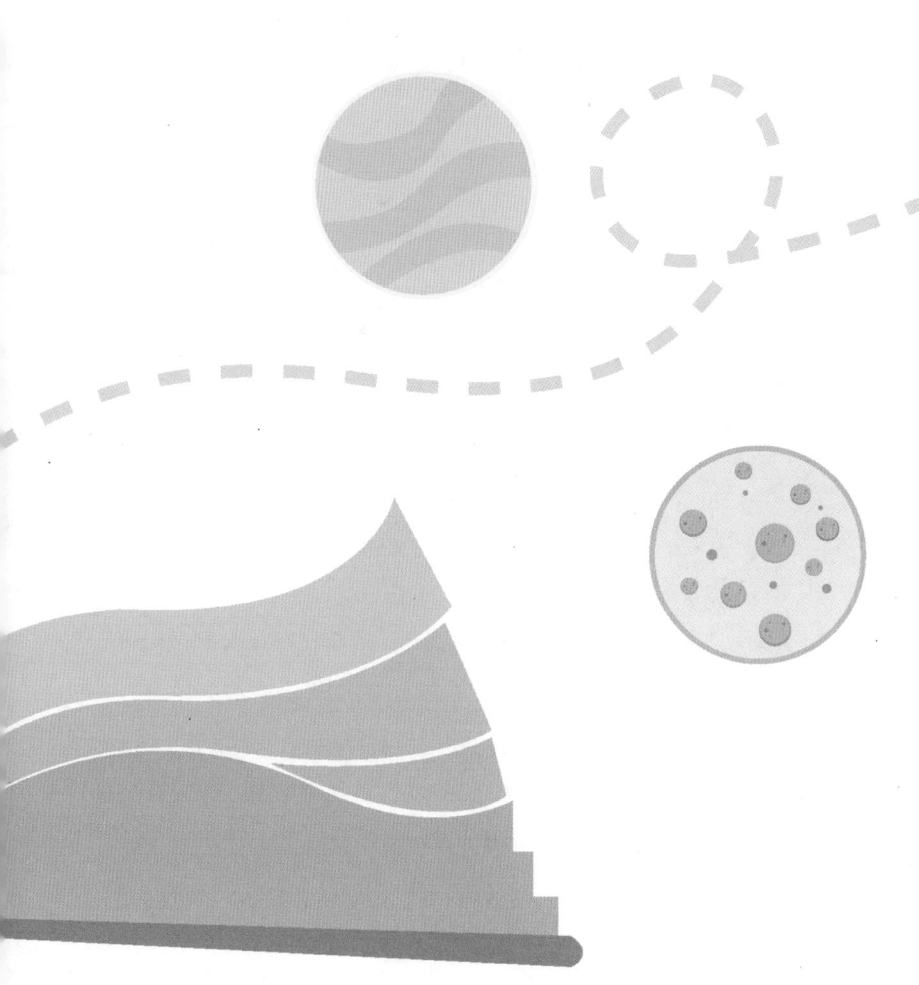

第12节 最长寿的火星车——机遇号

火星是距离地球较近的行星，它和地球有很多相似的地方，人类一直把火星看作星际移民的第一站，所以对火星的探索一直是人类从未改变的目标和任务。目前，共有十几辆人类发射的火星车登陆过火星，其中寿命最长的就是“机遇号”火星探测器。

“机遇号”火星探测器

“机遇号”火星探测器，是由NASA发射的多辆火星漫游车之一，它身上背负着两个任务，第一个任务是寻找火星上有过水活动的各种岩石和土壤，并确定其特征；第二个任务是评估特定地点的地质和可居住性。

“机遇号”火星探测器是一个六轮的太阳能动力车，高1.5米，宽2.3米，长1.6米，重达180千克。6个轮子上有锯齿状的凸出纹路来适应地形，每个轮子都有自己的马达。最高车速是50厘米/秒，“机遇号”火星探测器于2003年7月7日发射，2004年1月25日安全着陆火星表面。

“机遇号”的主要地表任务原计划最多维持90天，然而它却一次次地挺过了火星上恶劣的沙尘天气，最终服役工作了15年，共5000多天。它最初的探索计划仅有1000米行程，但它在火星表面实际行走超过了45 000米，打破了NASA在地球外的无人探测器移动距离的纪录。在这15年里，“机遇号”不间断地传给地球一些火星的秘密，共传回了超过217 000张火星图像。科学家们通过对这些图像的分析，不但发现火星上有太空陨石，更是获得了火星上曾存在“可饮用水”

的证据。因为，它在着陆点附近发现了赤铁矿，这是一种在水中形成的矿物质；它还在“奋斗撞击坑”发现了古代水流迹象，科学家认为那里水的成分和人类可饮用水的成分相同。

“机遇号”火星探测器在人类对火星的探索中做出了巨大的贡献。

那么，为什么“机遇号”的寿命会大大超出预期呢？首先，它坚固耐用的结构设计是它能在火星上应对恶劣气候的根本原因；其次，当“机遇号”遇到问题时，地面上的科研人员提出了很多创造性的解决方案；最后，“机遇号”也拥有着令人羡慕的好运气。正是这3个原因造就了它的传奇。

火星上强大的沙尘暴

2018年5月，“机遇号”遭遇了它生命中第二次火星沙尘暴，强烈的沙尘暴覆盖了火星1/4的表面，“机遇号”的太阳能电池板无法接收到足够的光照，随后进入休眠状态，与地球失联。而它与地球的最近一次联系是在2018年6月10日。

2019年2月13日，由于始终无法与“机遇号”取得联系，NASA正式宣布结束“机遇号”火星探测器的使命。截至宣布消息时，“机遇号”火星探测器在火星上运作了共15年，成为寿命最长的火星探测器。

感谢“机遇号”火星探测器为人类探索火星做出的贡献！

第13节 探索木星的探测器——朱诺号

木星是太阳系中体积和质量都最大的行星，对我们来说，它既熟悉又陌生，一台高倍望远镜就可以看到它表面漂亮的木纹及大红斑；然而它却离我们很遥远，人类以目前的技术，无法乘坐太空飞船去探索木星。

罗马神话中的天后朱诺

2011年8月5日，一艘专门探索木星的探测器出发了，它就是“朱诺号”。

“朱诺号”木星探测器是NASA“新疆界计划”实施的第二个探测项目。为什么叫它朱诺号呢？朱诺是罗马神话中众神之王朱庇特的妻子，虽然朱庇特会施展法力利用云雾遮挡自己，但是朱诺却能透过云雾看清他。给探测器取名为“朱诺”，也正是希望它能够看清木星这个充满神秘感的气态巨行星。

“朱诺号”身上背负着重要的科研任务，不仅要帮助人们了解木星的起源和演化，还要探索木星的固态内核，同时还需要绘制木星的磁场图等。“朱诺号”上安装了钛质的防辐射电子舱防护罩，防护罩可以吸收以光速运动的电子和质子，并保护航天器的仪器和固态电子设备，以应对木星恶劣的环境。

经过5年多的飞行，在2016年7月4日，“朱诺号”成功抵达木星轨道，它的主要任务在2021年7月已经完成。于是科学家又给它安排了新的任务，让它继续研究和观察木星的北极气旋、木星的几颗卫星等。

“朱诺号”是目前运行速度最快的宇宙飞船之一。它共携带了9台探测仪，其中包括一部广角彩色摄像机，它向地球发回了无数彩色图像。“朱诺号”的红外线及微波探测仪器还测量了来自木星大气层深处的热辐射源，这些观测进一步补充了先前对木星成分的研究的证据，其中包括探测木星上水及氧的分布，帮助我们了解木星的起源。

2016年8月，“朱诺号”探测器到达木星云层上方4200千米处的近木点，以20.8万千米/小时的绕行速度捕获了有史以来分辨率最高的木星巨型云层图像。

此外，“朱诺号”还对木星的几十颗卫星进行了深入的探秘研究。

2022年9月29日，“朱诺号”木星探测器，在距离木星卫星木卫二“欧罗巴”上空352千米处掠过，为其拍摄了20年来最近距离的照片。

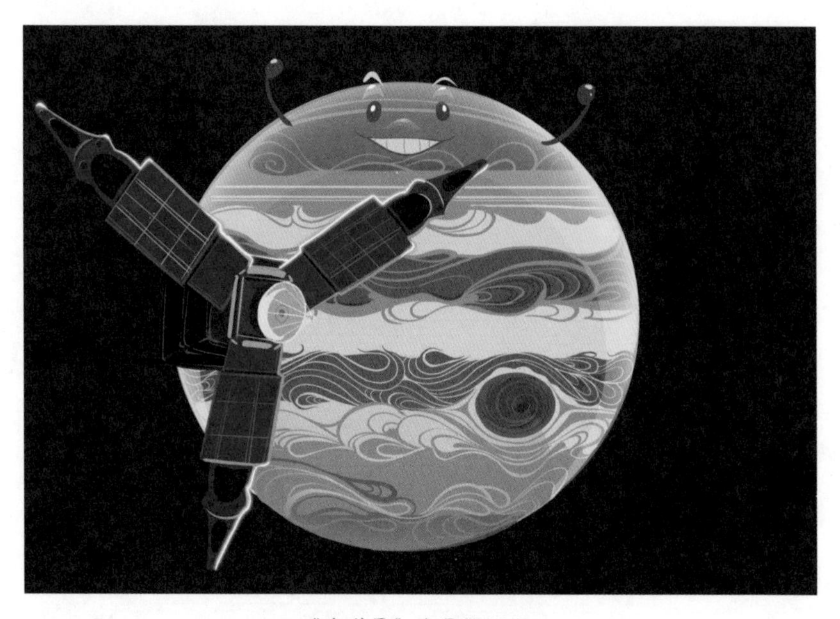

“朱诺号”木星探测器

然而，“朱诺号”的旅程也并非一帆风顺，原计划完成环绕木星飞行37圈，于2018年完成任务，到现在才飞行了25圈，显然“朱诺号”遇到了一些问题。科学家们推测它的燃油系统的一组阀门可能出现了故障，导致它无法从环绕木星53天的轨道加速进入14天的轨道，不过好在它目前仍可与地球保持联系，仪器也并没有被木星强大的磁场影响。

科学家预计，在不久的将来，朱诺号将会与地球失去联系。在失去联系之前，为了避免它与木卫二或者其他木星卫星碰撞，科学家还是选择让它与它的前辈卡西尼号一样，坠入木星大气层燃烧分解，结束使命，从而避免污染木星及其卫星的环境。

感谢“朱诺号”让我们对木星有了更深层次的了解和认识。

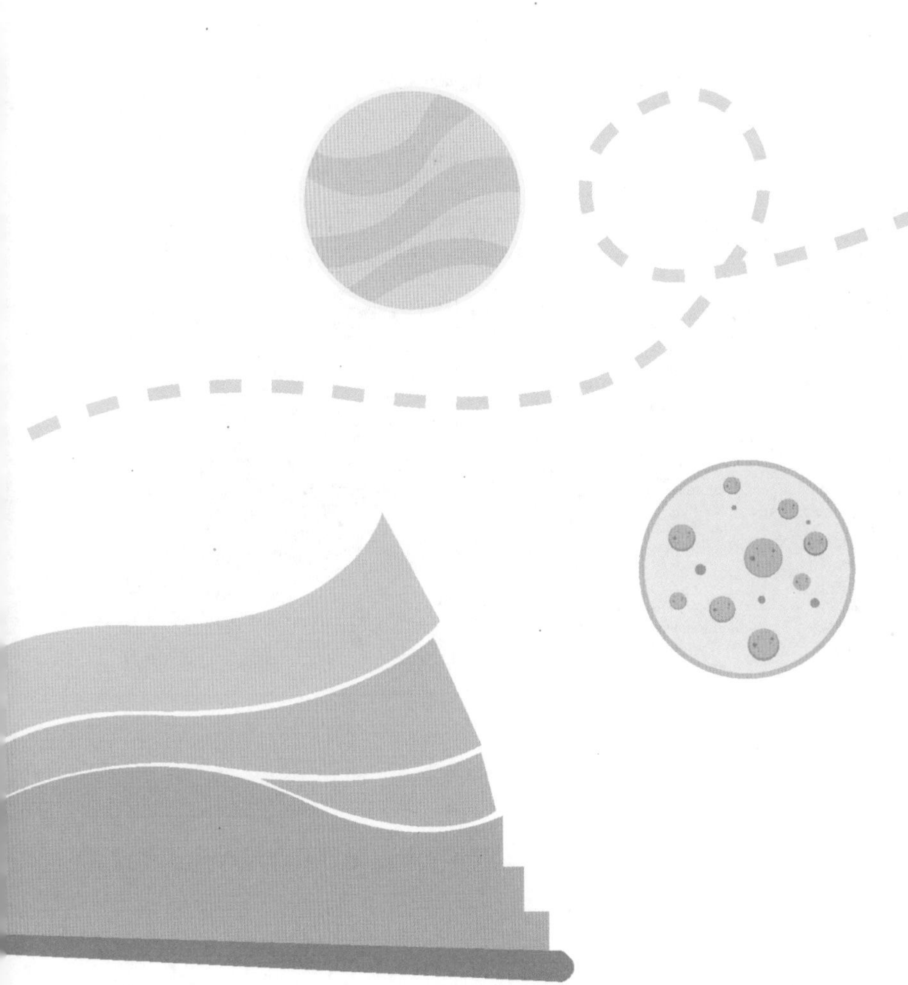

第14节 到达水星的探测器——信使号

水星是距离地球较近的行星，也是离太阳最近的星球，然而，相对于火星，我们对水星的了解却很少，一是因为水星上的环境很恶劣；二是因为水星距离太阳太近，所以去水星需要付出更大的代价。

然而再大的艰难险阻也阻挡不了人类对宇宙的探索。

2004年8月3日“信使号”水星探测器搭乘德尔塔-2运载火箭点火升空，开始了计划耗时6年半、飞行79亿千米的探测远征。

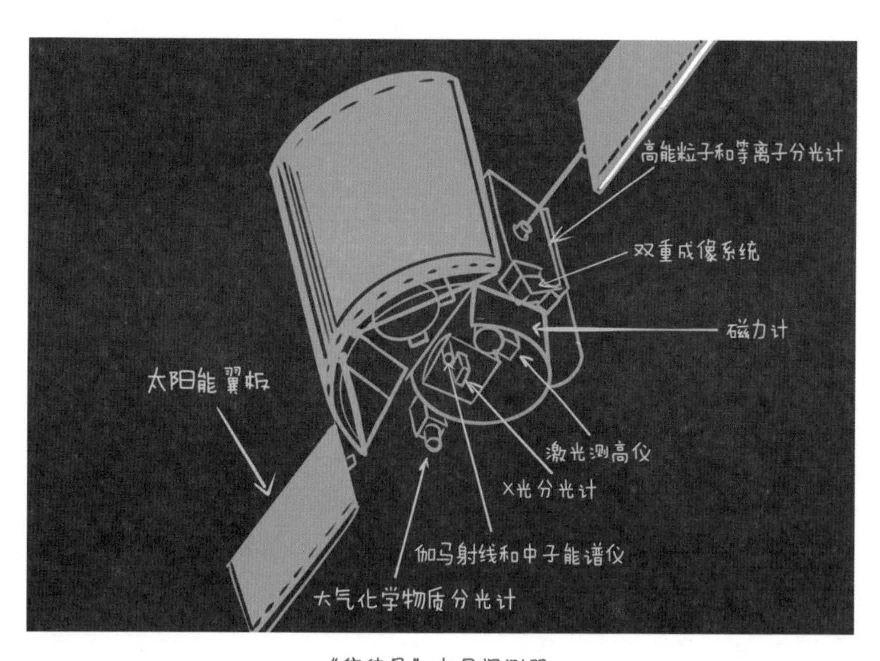

“信使号”水星探测器

2011年3月18日，“信使号”进入水星轨道，成为首颗围绕水星运行的探测器，由于水星距离太阳很近，“信使号”在绕水星轨道运行时必须经受住高温和太阳强辐射的考验。为此，科研人员专门为“信使号”打造了一把“遮阳伞”，也就是具有高反射性的耐热遮阳罩，从而减弱太阳带来的高温炙烤。

而这6年半的漫长旅途，对于“信使号”的精确测控也是非常重要的一环。要知道，离水星越近，太阳给“信使号”的引力就越大，“信使号”的速度就越快，如果不进行人为控制和干预的话，“信使号”大约只需要3个月就能到达水星。那么，为什么要让“信使号”飞行将近7年才到达水星呢？这是因为，假如不控制“信使号”探测器的速度，当它的速度足够快的时候，可能不是进入水星轨道，而是直接朝向太阳运行，就会坠毁在太阳里了。

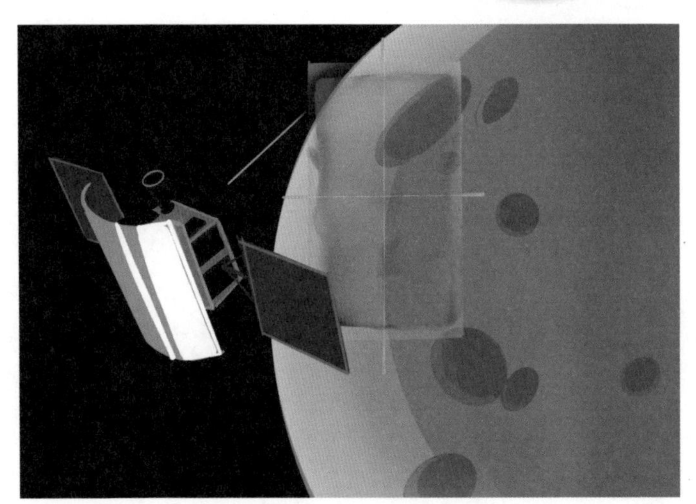

“信使号”对水星进行科学探测

所以，为了能让“信使号”顺利进入水星轨道，实现我们对水星观测的科研任务，科学家在这6年半的时间里，对“信使号”进行了5次轨道修正，让它的速度变得很慢，以便被水星捕获。

“信使号”为人类解开了众多有关水星的谜团，如水星的密度、水星内核结构、水星背面的样子、两极的冰等。我们所看到的水星真实照片大都是由它传回来的。而“信使号”的英文名字MESSENGER，是“MErcury Surface（水星表面）、Space ENvironment（太空环境）、GEochemistry and Ranging（地质化学和广泛探索）”的首字母缩写，可以说，这个名字名副其实地点出了它的主要探测任务。

在研究了“信使号”传回来的照片和数据后，科学家们发现水星极地地区的永久阴暗区陨坑深处可能存在冰水；同时，也发现水星在铁硫化物构成的固体薄壳之下，拥有巨大的液体铁核，铁核直径占了水星直径的80%。这些特殊的发现让科学家们惊叹不已。

2015年3月，“信使号”水星探测器燃料即将耗尽；同年4月30日，在完成了对水星探索的最后任务后，“信使号”以撞击水星的方式结束了探测任务，并在水星北极附近留下了一个直径约15米的撞击坑。

感谢“信使号”为我们带来水星的奥秘。

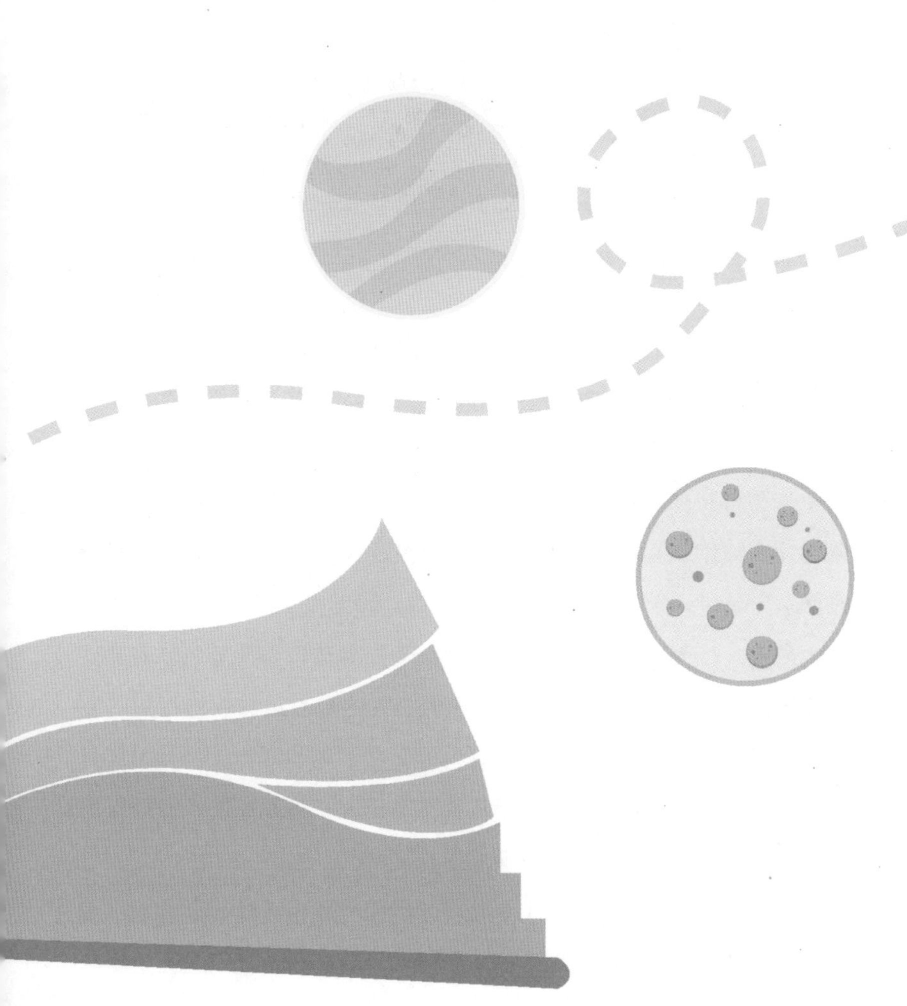

第15节 第一个在月球背面着陆的探测器——嫦娥四号

玉兔二号月球车

介绍了这么多发往外太空的探测器，你可能会有疑问——这些探测器不是美国发射的，就是欧洲和日本发射的，怎么没有中国发射的探测器呢？别着急，它来了，这就是第一个着陆月球背面的探测器——中国的嫦娥四号。

中国对宇宙空间的探测是从月球开始的，这是因为月球是离地球最近的一个星球，具有特殊环境，又蕴含着丰富的资源和能源，所以从技术、科学和经济等方面考虑，各国的太空探测大多从探月开始是符合科学规律的。

随着我国经济和科技的不断发展，从2004年起，中国开始实施月球探测工程，并将其命名为“嫦娥工程”。其中，嫦娥一号是绕月探测器，嫦娥二号是探月第二阶段的技术先导星，嫦娥三号是月球着陆器。2013年12月14日，嫦娥三号在月球表面软着陆，首次实现了我国研制的探测器在地球以外天体的软着陆。

嫦娥四号月球探测器于2018年12月8日搭载长征三号乙运载火箭发射。它肩负着三大科学任务：一是开展月球背面低频射电天文观测与研究；二是开展月球背面巡视区形貌、矿物组分及月表浅层结构探测与研究；三是试验性开展月球背面中子辐射剂量、中性原子等月球环境探测研究。

在嫦娥四号发射27天后，2019年1月3日，嫦娥四号成功登陆月球背面，成为全人类首次实现月球背面软着陆的探测器。嫦娥四号着陆后传回了世界上第一

张近距离拍摄的月球背面影像图，揭开了古老月背的神秘面纱。

嫦娥四号携带的玉兔二号月球车，也于2019年1月3日晚顺利完成与嫦娥四号着陆器分离，进入科考工作状态。

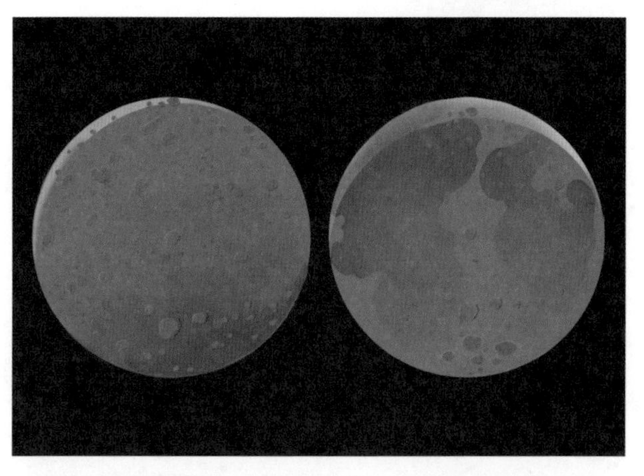

月球背面　　月球正面

月球上的一天接近地球上的一个月，也就是说，在月球上，会先经历连续14天的白天，再经历连续14天的晚上。白天，月球的表面温度可超过127摄氏度，晚上则会降到最低零下183摄氏度，温差悬殊。因此登陆月球的探测器也会面临严峻的考验，很难长时间“存活”。玉兔二号探测器为了保证正常运行，在晚上就会进入休眠状态，而到了白天才会开始进入工作状态。

嫦娥四号将信息传回地球

到目前为止，玉兔二号是在月面上工作时间最长的月球车了。

嫦娥四号及玉兔二号向地球传回了大量的月球背面照片及宝贵的数据，让我们对月球的另一面有了更多的了解和认识，并且探测了月球背面着陆区域地下40米深度内的地质分层结构，这些数据对于了解撞击过程对月球表面的影响、月球上火山活动规模，以及月球的演变历史等具有非常重要的意义。

玉兔二号月球车在月球背面发现了厘米级直径的透明玻璃珠，此类玻璃珠在国际上是首次发现。目前科研人员也正在对该类玻璃珠进行数据分析。

希望“玉兔二号”能给我们带来更多的惊喜。

中国航天，加油！

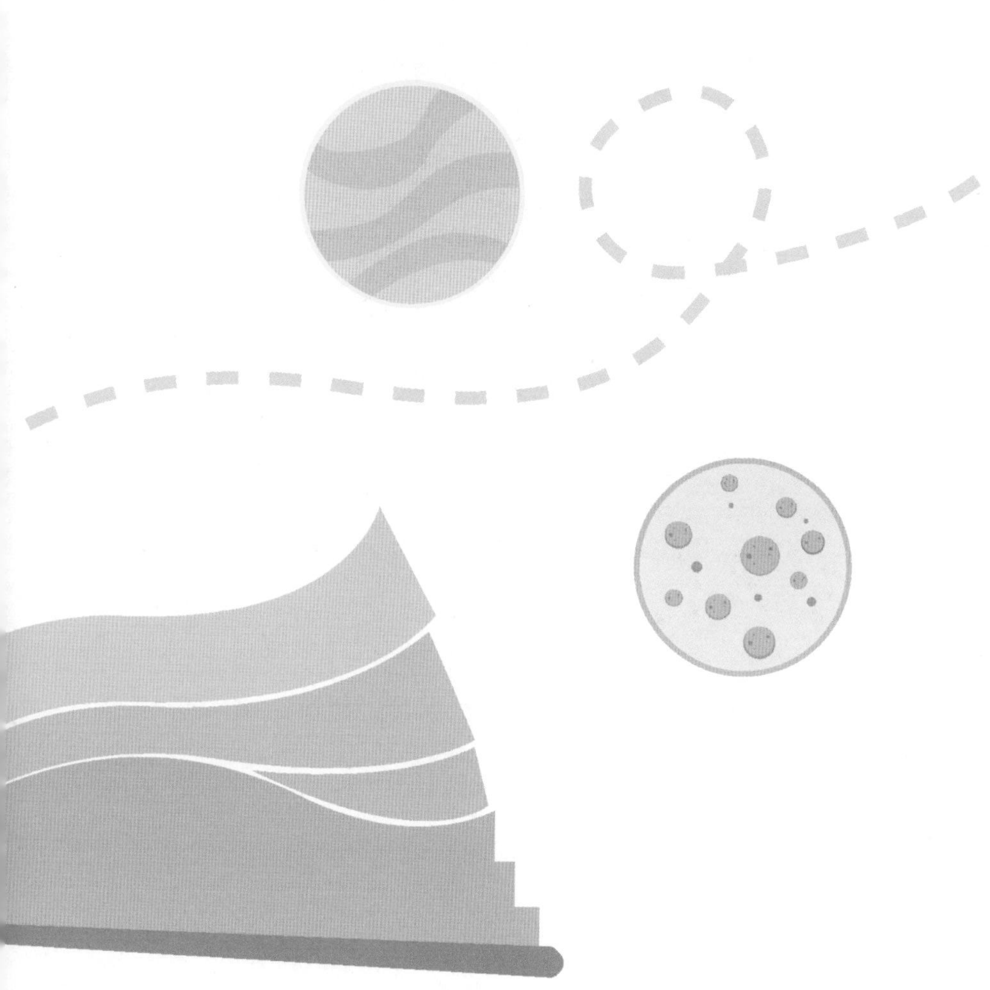

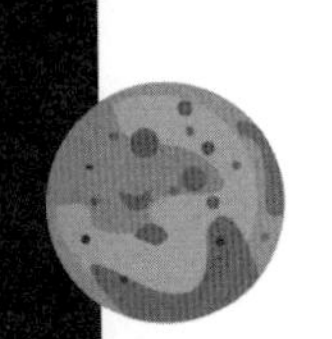

第16节 最勇敢的探测器——帕克号

人类为了探索宇宙，已经发射了许多探测器，对太阳系其他七大行星，人类都已经发射过探测器，但唯独对太阳不敢轻举妄动。是人类对太阳没有兴趣吗？当然不是，你肯定知道原因，那里实在太热了，而且还有强烈的太阳风暴！

但在2018年，人类实现了拜访太阳这一壮举！

科研人员在组装“帕克号”太阳探测器

2018年8月12日，“帕克号”太阳探测器发射成功，前所未有地近距离接近太阳，探索太阳的奥秘。

2018年11月5日，“帕克号”太阳探测器第一次抵达近日点。

2018年10月29日，“帕克号”太阳探测器距太阳表面4273万千米，成为有史以来最接近太阳的人造物体。

2021年4月，“帕克号”太阳探测器越过“阿尔文”临界面（这是太阳风在太阳近距离的最后一个停靠点），然后进入太阳大气层，成为首个“接触”太阳的航天器。在这里，“帕克号”经受了近百万度的高温考验，并测量了珍贵的太阳风及等离子体数据，这些数据在它远离太阳的时候已发回地球。

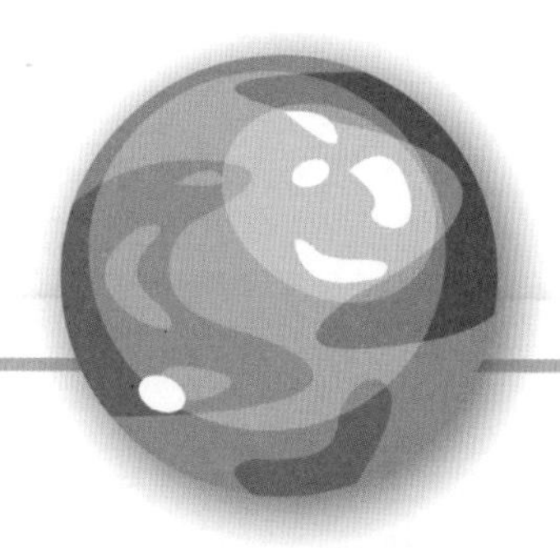

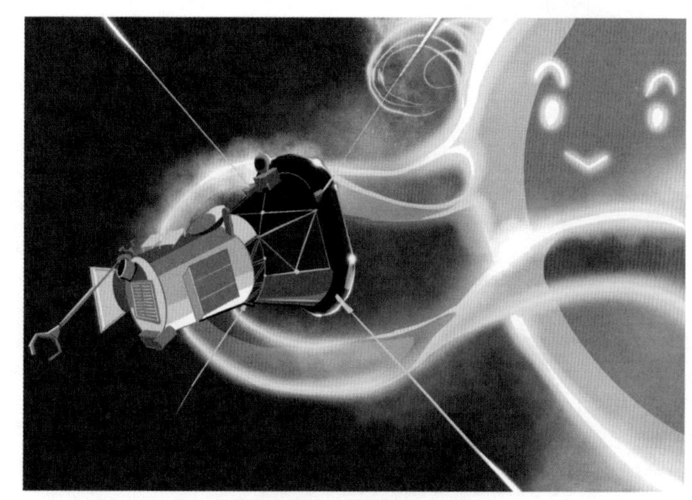

“帕克号”太阳探测器

按照规划，“帕克号”太阳探测器预计将在7年服役时间里24次近距离飞掠太阳。并在金星引力的帮助下调整轨道，逐渐逼近太阳，最终抵达距离太阳表面约650万千米的日冕层。随着它离太阳越来越近，“帕克号”太阳探测器的发现也越来越多，例如，发现了太阳风中的磁性“之”字形的结构，在靠近太阳的地方有很多这样的结构。“帕克号”太阳探测器已传回地球22M与太阳有关的科学数据，为人类研究太阳提供了最宝贵的资料。

太阳附近高达上万摄氏度炽热的高温和强烈的太阳风是对探测器最重要的考验，因此科学家给“帕克号”研发了一套碳复合材料，来抵抗高温。“帕克号”穿着厚达12厘米的碳复合外衣，可以承受高达1400摄氏度的炽热和辐射，在最靠近太阳的地方以每小时72万千米的速度飞行。听起来是不是超级炫酷？这可凝结着科学家们的心血呢！

也许你会有疑问，为什么我们要去做这么危险的事情呢？因为接触太阳的组成物质将有助于科学家们揭开最近的恒星对太阳系和地球影响的谜团。这些影响对地球上生命的生存和演化也是非常重要的。

人类永远在不停地探索。正如NASA总部负责人所说：“‘帕克号’太阳探测器去‘接触’太阳，对于太阳科学来说是一个里程碑式的时刻，也是一个真正非凡的壮举。这个里程碑不仅让我们对太阳的演化及其对太阳系的影响有了更深入的了解，也让我们对自己所在的恒星，以及对宇宙中其他恒星的了解更多。”

在这7年环绕太阳的24圈中，“帕克号”将一次比一次更靠近太阳，预计到2025年，将完成最后一次对太阳的考察，待燃料耗尽后，它将会失去保护，然后撞向太阳。为太阳而生的“帕克号”，终将成为太阳的一部分。

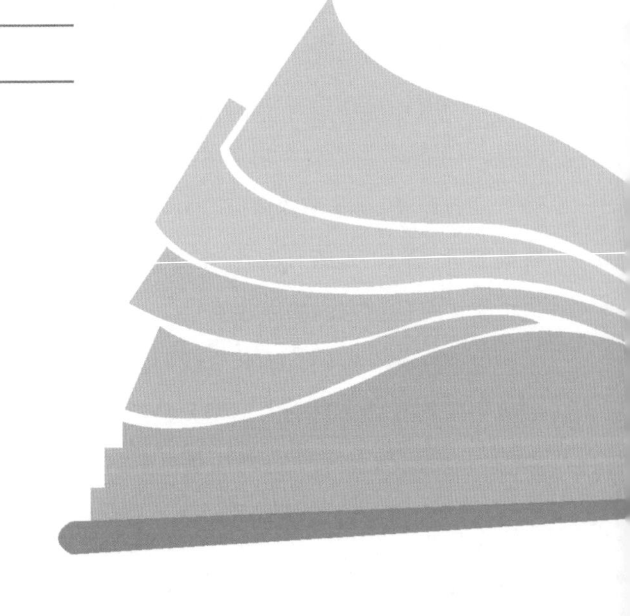

感谢勇敢的“帕克号”太阳探测器！

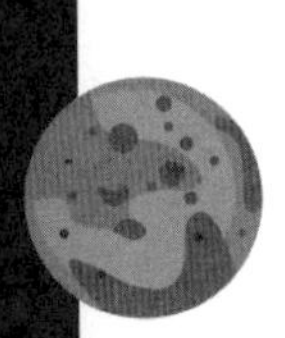

第17节 携带月球土壤返回的探测器——嫦娥五号

嫦娥五号

你知道在2020年前，人类探测器最后一次从月球表面返回地球是在哪一年，由哪个国家发射的吗？答案是1976年由苏联发射的“月球”24号。从那以后的将近半个多世纪，人类探测器再也没有实现过这一壮举！

而在2020年，人类又一次实现了让探测器成功从月球表面返回地球这一壮举，这就是中国的嫦娥五号月球探测器。2020年11月24日，长征五号遥五运载火箭搭载嫦娥五号在文昌航天发射场成功发射。2020年12月1日，嫦娥五号在月球表面预定着陆区顺利着陆，月球风暴洋成为中国的探月新地标。2020年12月2日，嫦娥五号的着陆器和上升器组合体完成了月球钻取采样及封装的任务。2020年12月17日，嫦娥五号返回器顺利返回地面，轨道器则留在轨道上继续进行探测工作。整个任务持续了23天。

嫦娥四号和嫦娥五号是中国探月工程的重要组成部分，嫦娥五号的主要任务是采样返回，同时进一步完善探月工程体系，为实现中国的载人登月和深空探测奠定基础。

为了能够顺利完成任务，在设计上，嫦娥五号由4大部分组成，分别是上升器、着陆器、返回器和轨道器，这4个部分依次连接在一起，既是一个有机整体，也可以分离操作。

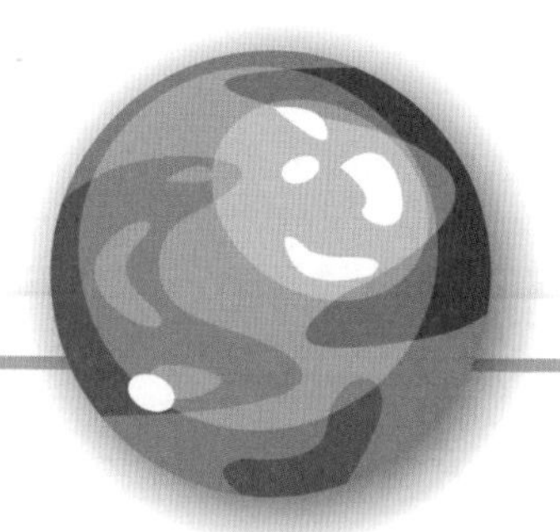

着陆器，顾名思义，就是承担降落到月球的使命，并且还要负责采取月球岩石土壤；上升器，承担飞离月球的使命。着陆器和上升器这两部分组合在一起，单独降落在月球上。轨道器，负责把嫦娥五号送回地球；返回器，用来保存月球岩石样本，并且负责进入大气层的工作。轨道器和返回器这两部分不用降落到月球表面，而是在环月轨道上运行。

2020年12月17日凌晨，嫦娥五号携带着1.7千克的月球土壤顺利降落在中国的内蒙古。

嫦娥五号，实现了中国的4个“首次”：

第一，首次在月球表面自动采样挖取月球土壤。这个“超级挖掘机”通过表面挖取和深度钻取两种方式，在全国人民的“监工”下，顺利完成任务。

第二，探测器首次从月球表面起飞，这可是近50年来人类探测器的首次起飞。

第三，首次在38万千米外的月球轨道上进行无人交会对接。这种对接，完全由嫦娥五号的“智能大脑”自主控制，地球根本无法提供数据和测控支持。

第四，首次带着月壤以接近第二宇宙速度，即以11.2千米/秒的速度返回地球。

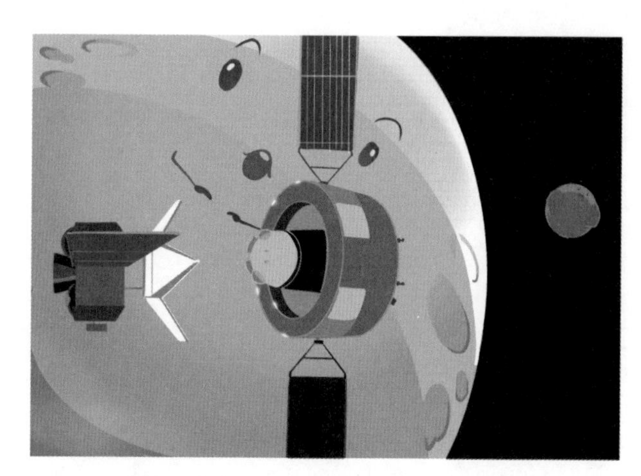

嫦娥五号在月球轨道进行自主交会对接

嫦娥五号带回来的宝贵的1.7千克月球土壤已交给了科学家进行研究。通过研究，科学家们也得到了很多惊人的发现，如月球土壤中玄武岩岩屑样品的年龄为20亿年，是人类目前采集到的最年轻的月球样品。如科学家们最近公布在月球土壤中发现了一种新的矿物，这种矿物质被命名为“嫦娥石”。

最新的研究显示，月球表面的中纬度区域太阳风在月壤颗粒表层中注入的水比以往认为的更多，而月球高纬度区域可能含有大量具有利用价值的水资源。

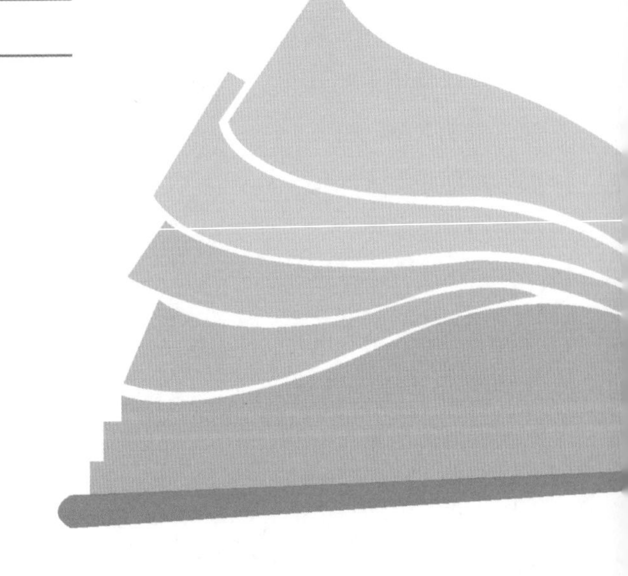

2024年7月，在嫦娥五号带回的月球样本中，科学家发现了一种富含水分子和铵的未知矿物晶体。这一发现标志着科学家首次在月壤中发现了分子水，揭示了水分子和铵在月球上的真实存在形式。

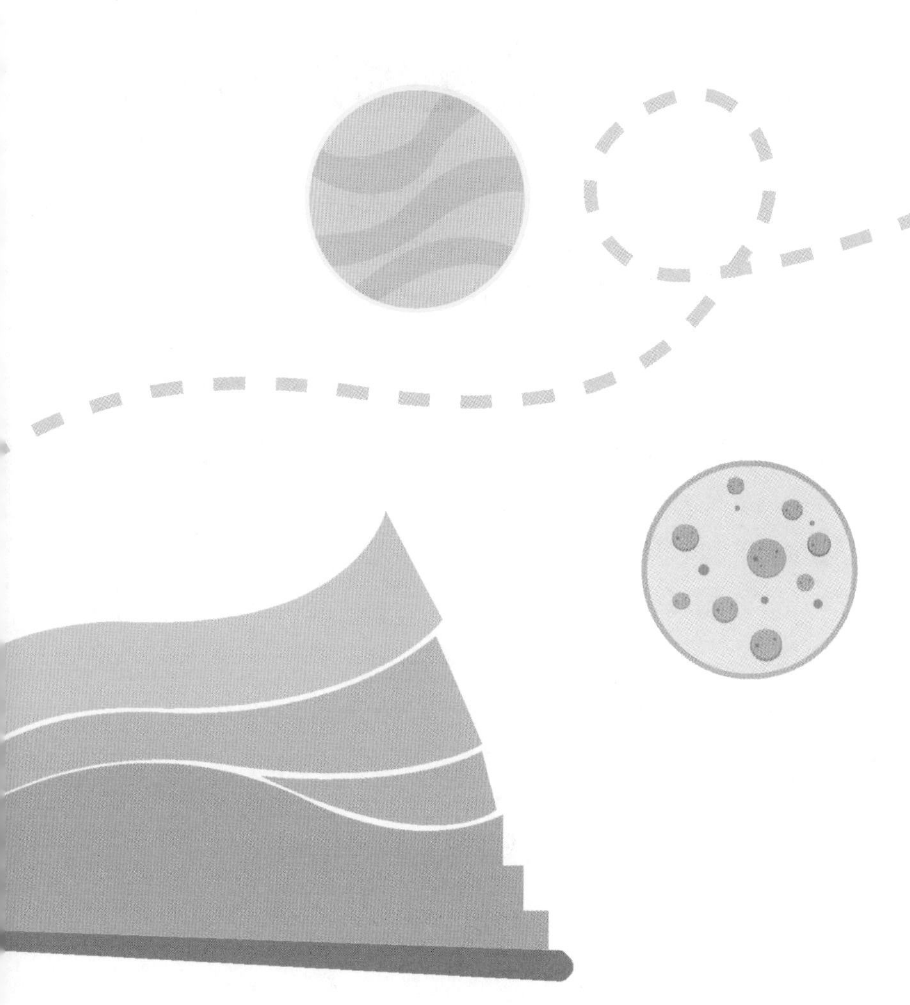

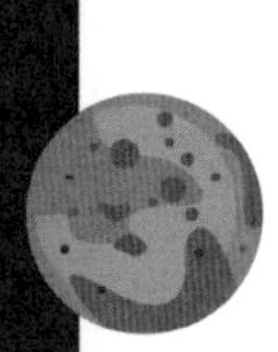

第18节 去往火星的中国探测器——天问一号

人类探测器探索火星始于1960年，在2020年以前，探测器顺利登陆火星的国家只有美国，如今，中国也实现了这一壮举，成为世界上第二个在火星上拥有自己火星车的国家。

一起来了解下中国的火星探测器——天问一号。

“天问一号”与“祝融号”分离

“天问一号”由一部轨道飞行器和一辆火星车构成，要一次性完成“绕、落、巡”三大探测任务。

“天问一号”的名字来源于屈原的《天问》。屈原是我国著名的爱国诗人，他的长诗《天问》表达出中华民族对科学的坚韧和执着。而用“天问”一词命名火星探测器，一语双关，具有特别的内涵。

2020年7月23日，长征五号遥四运载火箭搭载“天问一号”探测器发射升空，从此开启了中国首次火星探测之旅。

在历经了漫长的6个多月的飞行后，2021年2月10日，“天问一号”抓住了唯一一次刹车机会，被火星捕获。

2021年5月15日，“天问一号”经历恐怖的7分钟，靠自己从2万米高空着陆火星乌托邦平原。由“天问一号”携带的祝融号火星车成为我国第一个到达火星的“使者”。

2021年6月11日，中国国家航天局举行了“天问一号”探测器着陆火星首批科学影像图揭幕仪式，公布了由“祝融号”火星车拍摄的着陆点全景、火星地形地貌、“中国印迹”和“着巡合影”等影像图。首批科学影像图的发布，标志

着中国首次火星探测任务取得圆满成功。

2021年9月下旬开始，“天问一号”探测器进入日凌干扰阶段。所谓日凌，就是太阳运行到地球和火星之间，太阳发出的强烈电磁波会对无线电通信产生干扰。由于日凌的干扰，“天问一号”将无法与地面建立联系，这段时间，天问一号与地球之间是失联的状态。

中国首辆火星车——“祝融号”

2021年10月22日，日凌现象结束，“天问一号”探测器与地球之间的测控通信恢复正常，继续它对火星的探测。

接下来我们认识一下中国的火星车“祝融号”。

“祝融号”火星车身高1.85米，体重240千克，六轮驱动，设计寿命3个火星月，相当于92个地球日。你们知道在中国神话中的祝融吗？祝融是中国古代的火神，象征着我们的祖先，用火照耀大地，为人类带来光明。人们将中国的首辆火星车命名为“祝融号”，有火神祝融登陆火星的意思，寓意点燃中国星际探测的火种，指引人类对浩瀚星空、宇宙未知的连续探索和自我超越。祝融号以及中国探测火星计划有三大任务：其一是探测火星生命活动信息；其二是火星的演化及与类地行星的比较研究；其三是探讨火星的长期改造与今后大量移民，建立人类第二个栖息地的前景。

“天问一号”着陆地在火星古海洋和古陆地交界的地方，科学家认为这个地方有很高的科学价值。截至2022年9月15日，“天问一号”探测器已在轨运行780多天，祝融号已累计行驶1921米，完成既定科学探测任务，获取的原始科学探测数据有1480GB。

科学研究团队通过对中国自主获取的一手科学数据的研究，获得了丰富的科学成果，揭示了火星风沙与水的活动对地质演化和环境变化的影响，为火星乌托邦平原曾经存在海洋的猜想提供了有力的支撑，丰富了人类对火星地质演化和环境变化的科学认知。

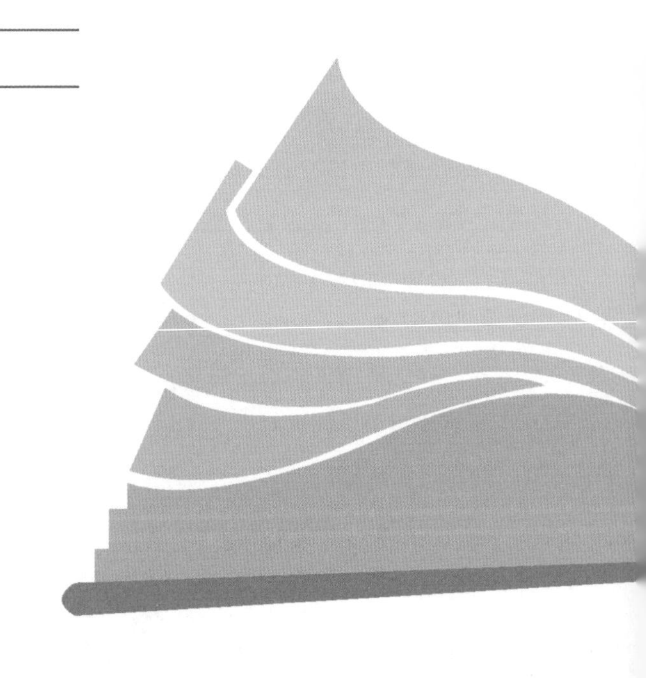

2023年7月6日，国际学术期刊《自然》发表了中国“天问一号”的最新研究成果：中国科学院国家天文台领导的国际合作研究团队在“祝融号”着陆区发现火星古风场改变的沉积层序的证据，证实风沙活动记录了火星古环境随火星自转轴和冰川期的变化。

感谢“天问一号”和“祝融号”为人类探索火星做出的贡献！

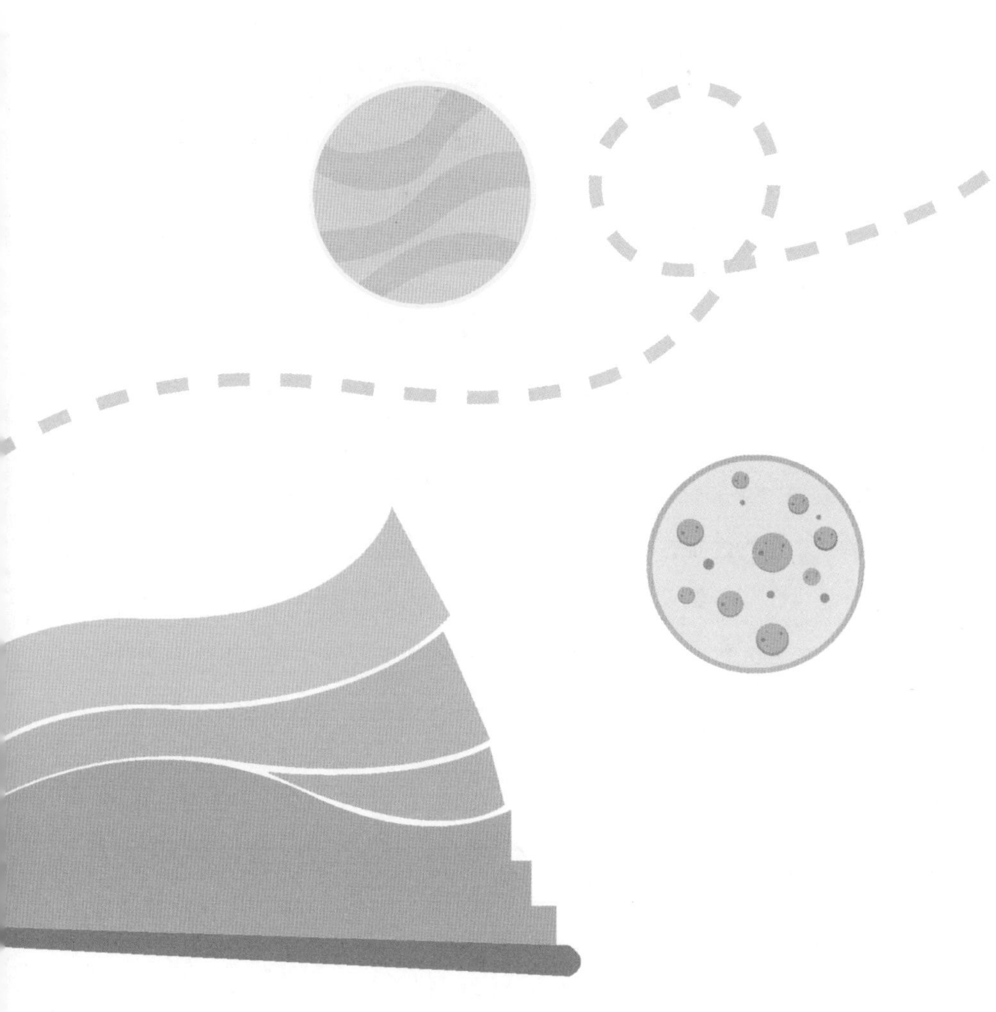

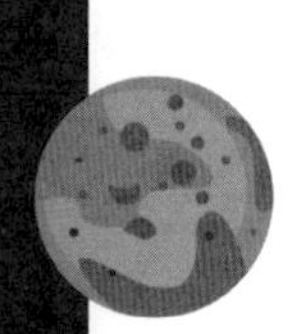

第19节 携带直升机的探测器——毅力号

“毅力号”火星车

火星上到底有没有过生命的存在呢？火星的可改造性有多大呢？未来的人类能够实现火星移民吗？

带着这样艰巨的任务，2020年7月30日，耗资27亿美元的“毅力号”火星车，从美国佛罗里达州升空，历时6个多月的飞行，于2021年2月18日在火星成功着陆。“毅力号”的最主要任务就是搜寻火星上过去生命存在的证据！

我们先来了解下“毅力号”。

“毅力号”火星车重约1050千克，长3米，宽2.7米，高2.2米，由6个直径52.5厘米的轮子和一个2.1米长的机械臂组成，动力由一个使用4.8千克二氧化钚的放射性同位素热发生器提供，并储存在两个可充电的二氧化锂电池中。没错，它是最先进的核动力漫游车，不需要太阳能电板提供动力。

另外，它还携带了一架重约1.8千克的小型直升机，该直升机名为“机智号”(Ingenuity)，是一项技术试验，主要目的是证明在稀薄的火星大气中可以实现自主、可控地飞行。这个小型直升机也成为首次在地球以外的星球上起飞的人类直升机。

别因为“机智号”体型小就小看它，它是科学家历时6年才研发出来的。虽然火星上有大气层，但比地球稀薄得多，实际上火星上的大气层密度大约是地球的1%。因此，“机智”号直升机在火星大气层中飞行相当于在地球上近3万米的高空飞行，难度可想而知！

“机智号”火星直升机

2021年3月4日，“毅力号”火星车首次实现在火星上行走，用时33分钟移动了6.5米。2021年3月23日，NASA公布“毅力号”传回的有关火星画面。2021年4月，NASA宣布了一项涉及“毅力号”火星车的重大成就，该火星车成功地把火星大气中的部分二氧化碳转化为氧气。

2021年9月，“毅力号”火星车成功收集到第一个火星岩石样本，未来有望帮助科学家深入了解这颗红色星球。2022年9月，“毅力号”在火星上发现了有机化学物的证据，即生命的构成要素；同时，“毅力号”向地球传回的火星表面图像和视频，是有史以来最详细的火星表面视图，图像涵盖三角洲地区、沉积岩、山丘和悬崖等。2023年5月14日，“毅力号”发现杰泽罗撞击坑曾经有“汹涌河流”的证据。2023年9月，“毅力号”搭载的制氧设备，完成在火星上最后一次制氧试验，2年内成功制造了122克氧气。

“毅力号”原计划在火星度过2～3个地球年，但目前它的服役时间已经超过了3个地球年，其实际服役时间可能会远超原计划。“毅力号”的一个主要任务就是探索直径超过45千米的杰泽罗陨坑，杰泽罗陨坑在远古时期曾存在一处湖泊和一处河流三角洲。

“毅力号”将负责搜寻火星远古生命的迹象，研究陨坑地质结构，采集并保存几十个火星土壤样本。这些样本最早可于2031年由NASA和欧洲航天局联合太空任务带回地球，一旦火星样本抵达地球，世界各地的科学家将分析样本，探索火星生命潜在的证据，以及火星神秘历史的重要线索。这些样本对于人类未来的火星移民也有重要的研究意义。

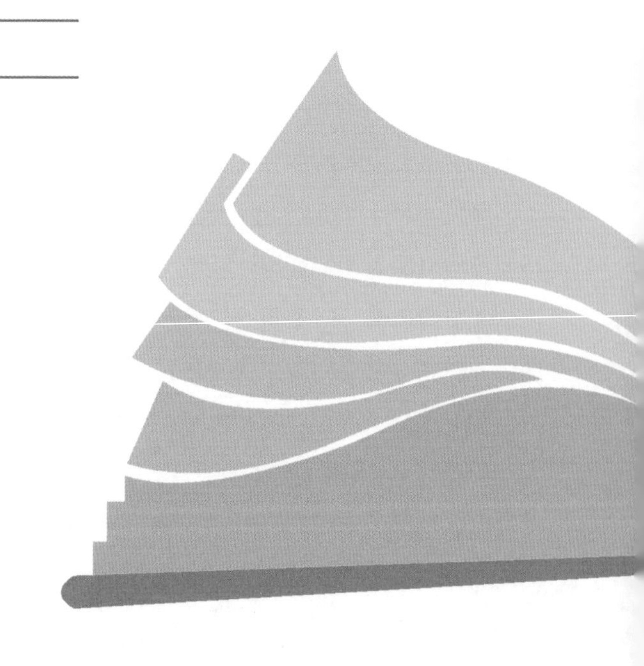

2024年7月，“毅力号”采集到一块带有“豹纹”的独特红色岩芯样本，科学家初步分析认为，这种“豹纹”可能表明火星远古时期曾存在微生物。

期待“毅力号”能给我们带来更多的惊喜，祝它在火星上一切顺利！

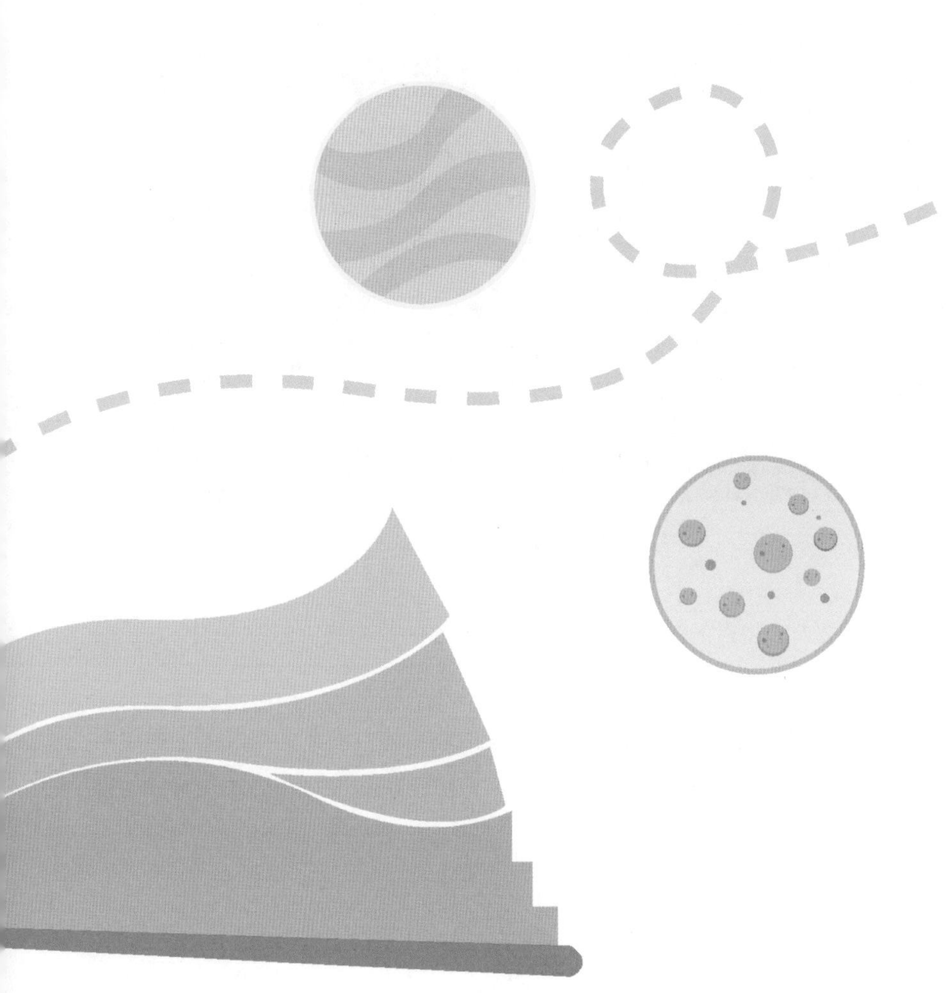

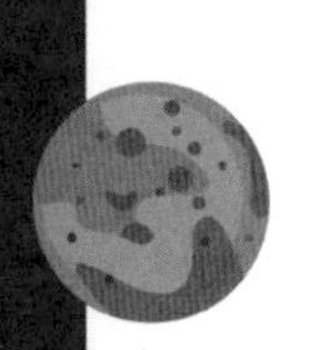

第18节 人类首次月背采样返回的探测器——嫦娥六号

2024年6月25日，这是被载入“中国航天”史册的一天，人类首次发射到月球背面进行采样的探测器——嫦娥六号，在历经了53天的旅行后，终于带着“月壤”顺利返回地球。

嫦娥六号

嫦娥四号是人类发射的第一艘在月球背面着陆的探测器，而嫦娥六号在嫦娥四号的基础上进一步实现了人类首次在月球背面采集“样本”的任务。

2024年5月3日，长征五号遥八运载火箭搭载嫦娥六号在文昌航天发射中心顺利升空，5天后顺利进入月球轨道，在环月飞行25天后，成功降落在月球背面的南极–艾特肯盆地。

科学家为什么选择让嫦娥六号降落在南极-艾特肯盆地呢？在月球背面降落的难度有多大呢？

在嫦娥六号之前，在面积约为3790万平方千米的月球表面，人类成功实施过10次月球采样返回（美国6次，苏联3次，中国1次），而且这10次采样全部在月球正面进行。

众所周知，月球只有一面（正面）朝向地球，并由于月球背面的通信障碍和复杂的地形地貌，使得探测器在月球背面降落的难度大大增加。此次嫦娥六号采样地点选择的是月球背面的南极-艾特肯盆地，这个盆地一直被认为是一个非常神秘的地方，它的地质构造非常特殊，是月球上最大、最深、最古老的撞击坑。相关数据研究表明，南极-艾特肯盆地已有超过39亿年的历史，这里存在铁、钍、钛等多种金属资源，也可能存在大量的“水冰”，因此南极-艾特肯盆地具有重要的科研价值，甚至有可能成为未来太空探索的重要补给站。

2024年6月2日，嫦娥六号的“着陆器”与“上升器”成功降落在南极-艾特肯盆地，开启了人类历史上的首次月背采样任务。6月4日，携带着月壤的“上升器”进入预定的环月轨道，随后与“轨道器”“返回器”组合体在月球轨道完成交会对接，将月壤安全转移至“返回器”中。6月25日，“返回器”准确着陆内蒙古四子王旗预定区域。至此，嫦娥六号圆满完成了在月背采样的任务。

嫦娥六号登月任务不仅展示了中国在太空探索的硬实力，还展现了我们的大国风范。为什么这么说呢？这是因为巴基斯坦的立方星卫星、法国的月球氡气探测仪、意大利的激光角反射器、欧洲航天局（ESA）的月表负离子分析，这4台国际载荷的“科研利器”都搭乘嫦娥六号的“顺风车”顺利进入月球预定轨道。

科学家们已经迫不及待地开始研究从月球背面带来的宝贵“样本”，也许很快就能从中获得惊喜。可以预期的是，这些样本，将会填补人类目前对于月球背面探知领域的空白，进而推动相关领域的科研取得新的重大进展，也可以帮助人类揭开更多关于月球、地球、太阳系的奥秘。

蟾宫折桂，携宝归来。嫦娥六号实现的壮举不仅在中国是首次，在世界范围内也是首次。中华民族千百年来的飞天梦想正在中国航天人的奋斗中逐渐实现，他们展现出的航天精神，犹如璀璨星辰，必将激励无数来者叩问苍穹，勇往直前。

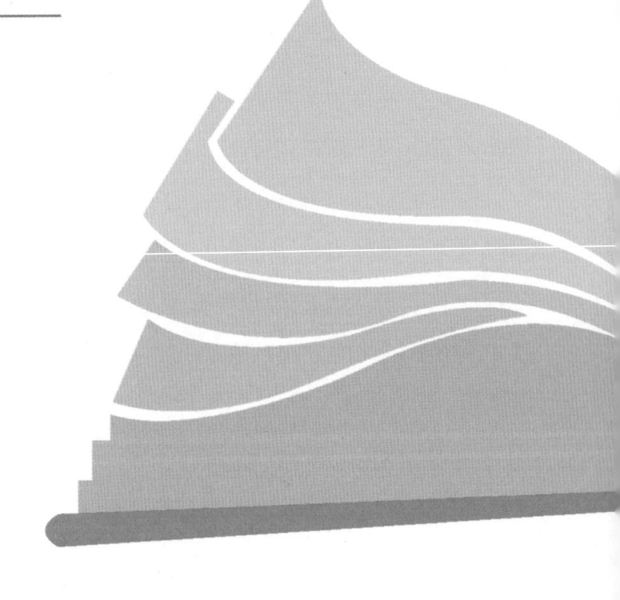

期待中国人早日实现“载人登月”这一壮举。

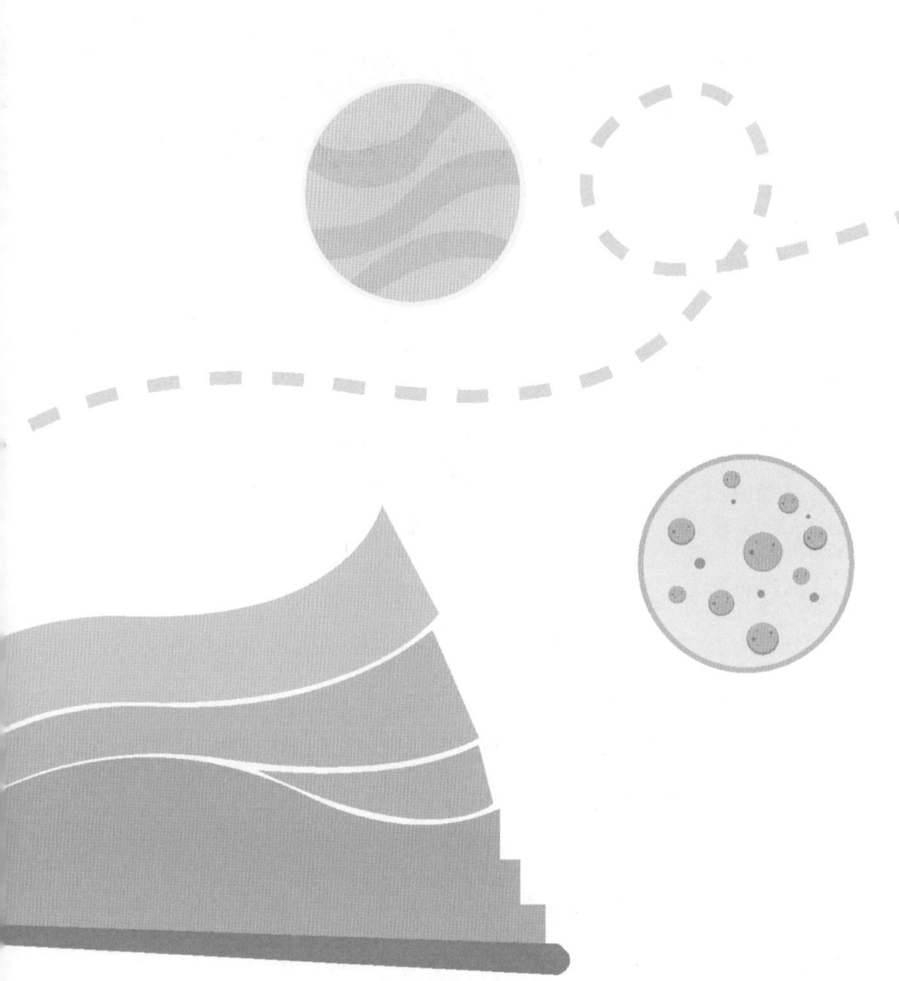

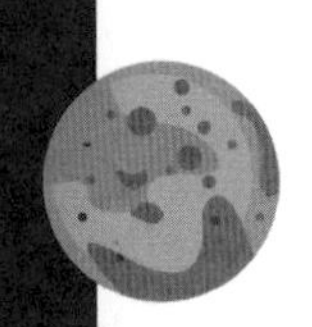

第21节 最昂贵的空中飘浮物——国际空间站

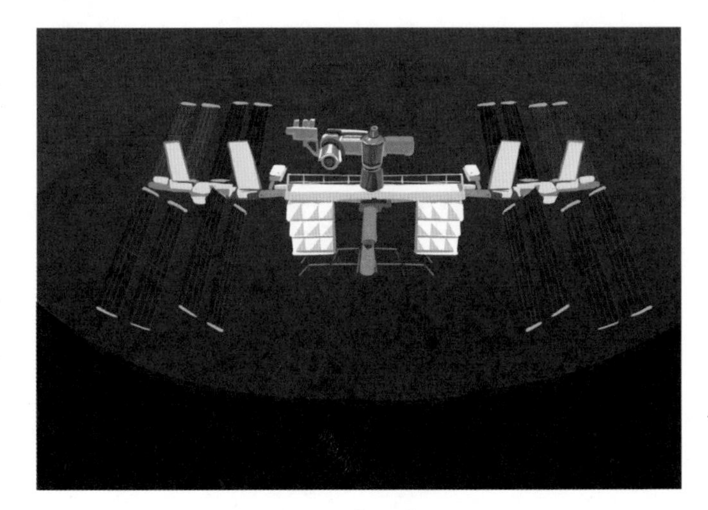

国际空间站

人类迄今为止建造的最昂贵的建筑是什么呢？答案是国际空间站。

这项由16个国家参与的项目，共花掉了1600亿美元，它重约423吨，长110米，宽88米，运行轨道平均高度397千米，可同时供6~7人的起居工作，每天以7.8千米/秒的速度在太空运转。国际空间站主要由NASA、俄罗斯联邦航天局、欧洲航天局、日本宇宙航空研究开发机构、加拿大航天局共同运营。

国际空间站是目前在轨运行的最大人造天体，是一个拥有现代化科研设备和开展大规模多学科基础应用，以及进行科学研究的空间实验室，它也是有史以来规模最大、耗时最长，且涉及国家最多的空间国际合作项目，预计寿命15年左右。

国际空间站的建设不是一蹴而就的，它主要分为3个阶段：

第一阶段（1994—1998年），主要进行了9次美国航天飞机与俄罗斯和平号空间站的交会对接，取得了宝贵的经验。

第二阶段（1998—2001年），初期装配阶段。

第三阶段（2001—2006年），最终装配和应用阶段。

最终装配成功的国际空间站的移动速度大约是28 000千米/小时，被称为低地球轨道的轨道速度。这意味着它绕地球一周需要92分钟，也就是说在空间站上的宇航员每天可以观看16次日出和16次日落。

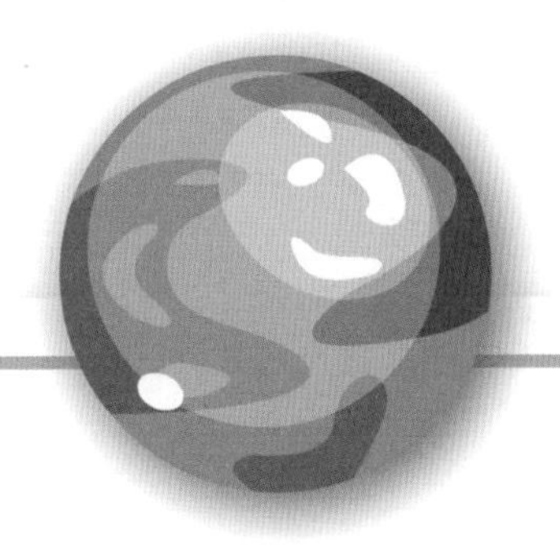

接下来，了解下国际空间站的主要结构。

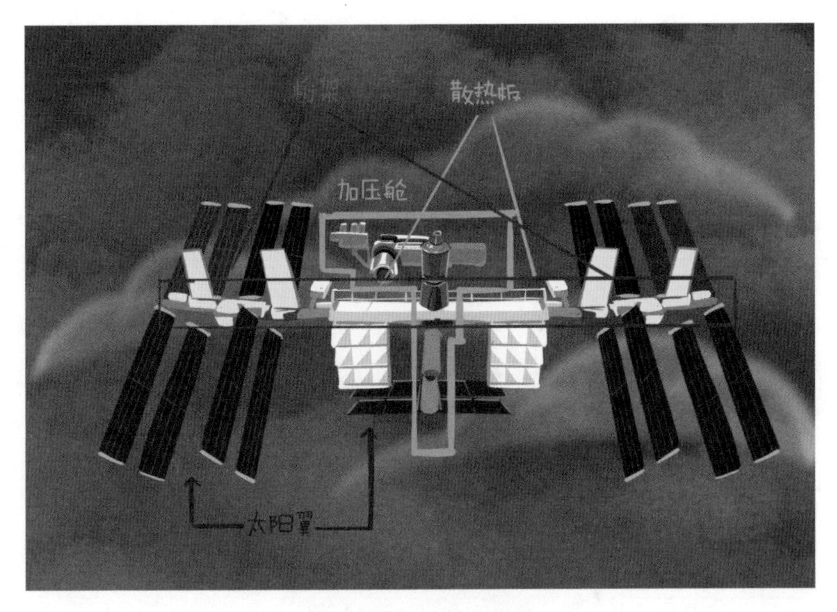

国际空间站结构示意图

国际空间站总体设计采用桁架挂舱式结构，即以桁架为基本结构，增压舱和其他各种服务设施挂靠在桁架上，形成桁架挂舱式空间站。空间站的桁架上面有太阳能发电板、散热器面板，实验室下面的部分是加压模块，这意味着宇航员不需要穿宇航服就可以在这里工作与生活。

实际上，在空间站运行的这十几年中，它出现故障的次数不止一次。2020年8月，国际空间站发生轻微漏气；2021年5月，机械臂被碎片撞击出小孔；2021年9月，“星辰号”服务舱内出现烟雾，好在这些问题都得到了有效的解决。

但是任何物体都有一定的寿命，原定于2024年就结束任务的空间站，根据NASA给出的结论：将继续服役至2030年，然后于2031年坠入南太平洋上一个叫“尼莫点”的无人区。最终结束它探索太空的使命。

值得注意的是，参与建设国际空间站的16个国家里并没有中国，这是因为当时的中国已经立志做自己的航天工程，不依赖任何别的国家，用自己的技术送自己的宇航员去自己的空间站，如今我们做到了。

下节，我们要讲的就是中国的空间站——天宫空间站。

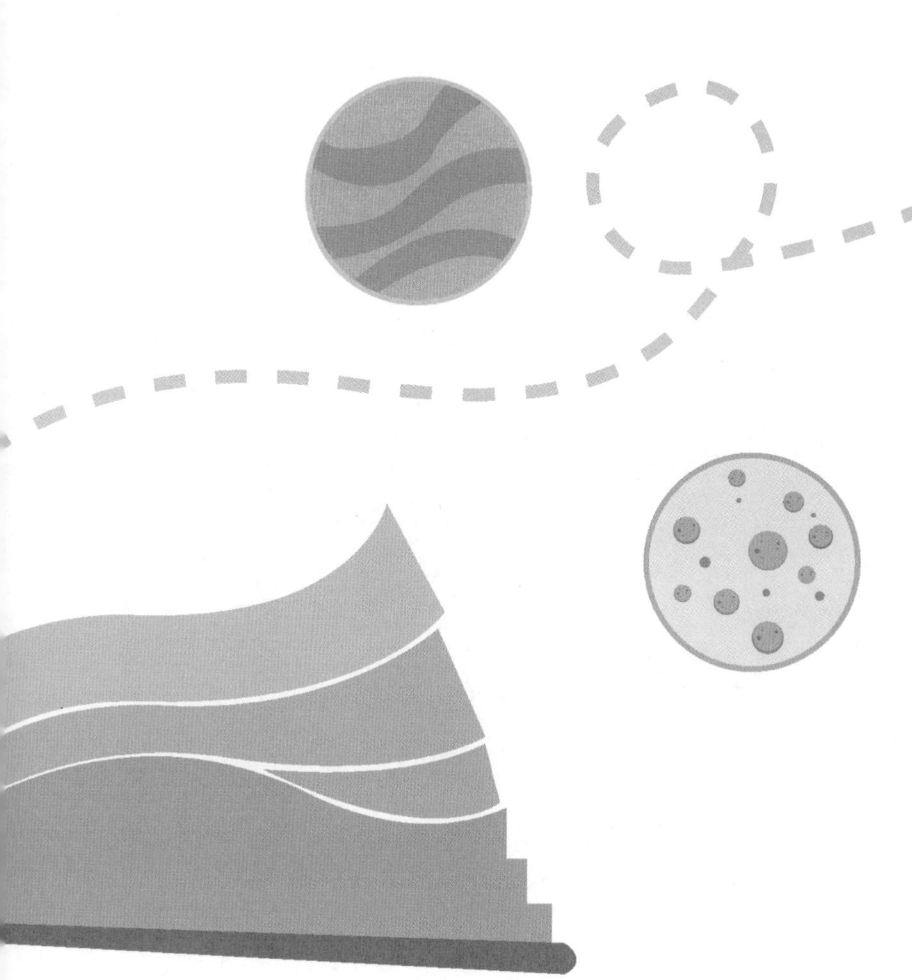

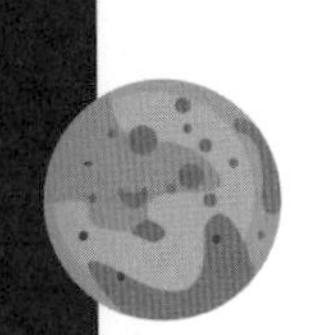

第22节 最先进的空间站——中国天宫空间站

如果你仔细观察夜空，就会发现有些移动的“星星”，它们会突然出现，然后“走着走着”就不见了。这些移动的“星星”也许就是人造卫星或空间站。

2021年4月29日，随着“天和”核心舱发射成功，正式拉开中国空间站的在轨组装建造的大幕。

核心舱是中国空间站的重要部分，就像建房子要先打地基一样，我们要先把核心舱发射到太空中，让它在轨道上运行一段时间后，再陆续把其他部分发射上去，与之对接组装。在这个过程中，我们也陆续发射了神舟十二号、神舟十三号、神舟十四号载人飞船。

2021—2022年，我国通过11次航天发射完成了空间站建设。2022年下半年，随着“梦天”实验舱的成功发射，中国空间站已经在太空组装完毕。中国空间站已经于2023年正式进入投入运营。

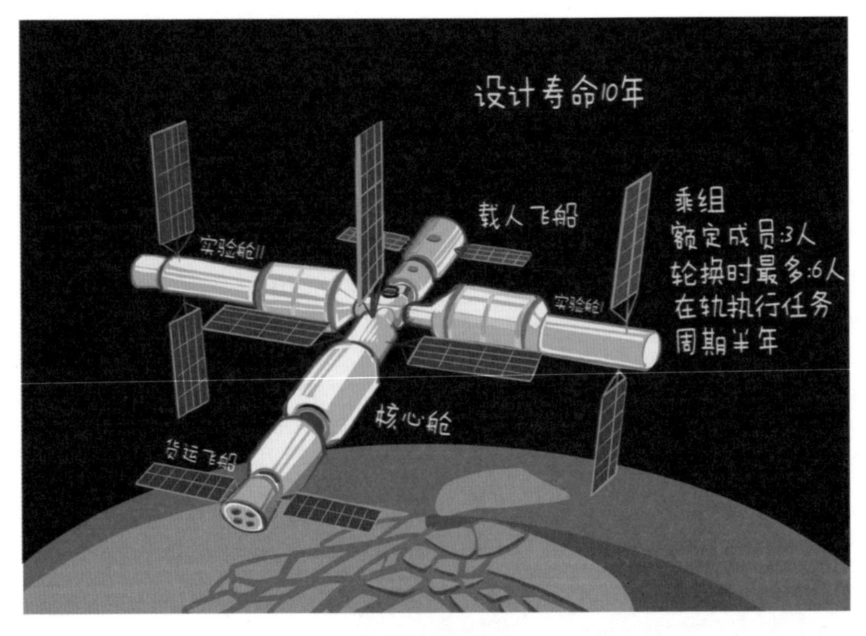

中国天宫空间站

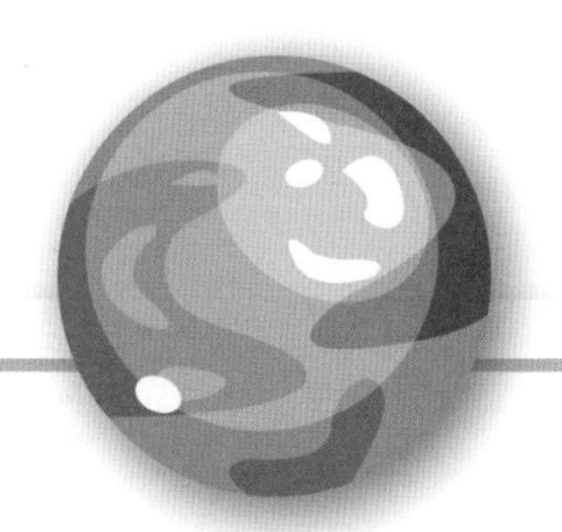

中国空间站包括核心舱“天和”、实验舱“梦天”、实验舱“问天”、载人飞船“神舟号”和货运飞船“天舟号”5个模块。它们之间既可独立存在，又可以与核心舱组合成多种形态的空间组合体。

宇航员在机械臂的协助下出舱

中国天宫空间站轨道高度在340千米—450千米，倾角为42°~43°，设计寿命为10年，长期驻留3人，总重量可达180吨，可以进行较大规模的空间应用，以7.9千米/秒的速度围绕地球做旋转运动。

中国空间站有哪些先进的科学技术呢？

第一个高科技就是太空5G Wi-Fi。通过它，航天员不仅能和家人打视频电话，还能上网追剧。当然，航天员万里迢迢来到空间站肯定不是为了娱乐，设置Wi-Fi的主要目的是方便对空间站电子设备的控制，以及地面与航天员的联系。

第二个高科技是热管辐射器。太空是非常危险的，太空垃圾对空间站的威胁时刻存在，为了避免发生这些情况，科研人员设计出了空间站的“健康监测系统”——热管辐射器，能够时刻对周围环境进行监测和警报。

第三个高科技则是可伸展的柔性太阳电池翼。它展开后有134平方米，折叠起来只有普通书本的厚度。与传统的太阳能电池翼相比，它除了具有厚度小的优势，还能提供满足舱内全部设备运行和航天员日常生活的电能，并且还具有高可靠性和长寿命的优点。

第四个高科技是空间机械臂。我国科研人员研发出了3款传感器，如同机械臂上的神经一样，能够让机械臂做出各种灵活的动作。空间机械臂对空间站的建设、维护、补给有着非常重要的作用。

国际空间站是由许多国家共同建造完成的，它的操作系统的语言势必是全世界通用的英文。而我国的空间站，它操作系统的语言是中文，同时，中国也秉持着开放、合作、共赢的态度，欢迎其他国家申请加入空间站的科研工作，一起为实现人类的太空梦想而努力！

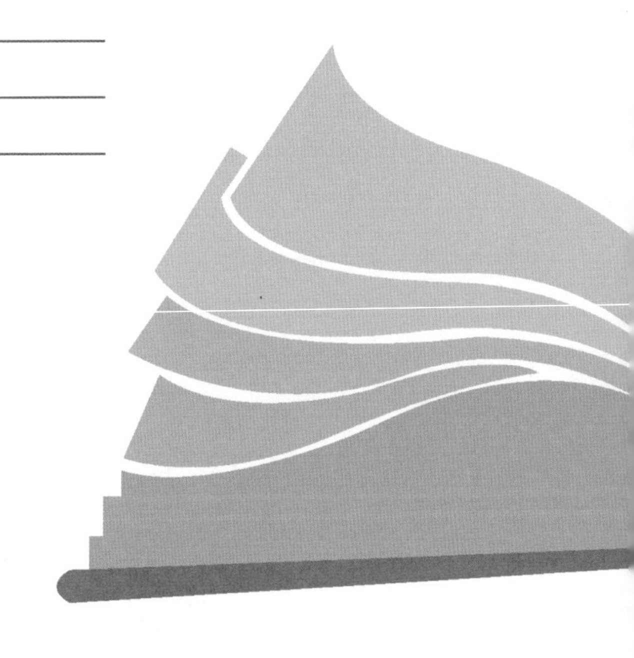

截至2024年4月，中国空间站已在轨实施了130多个科学研究与应用项目，同时利用神舟十二号至神舟十六号载人飞行任务下行了5批300多份科学实验样品，国内外500余家科研院所先后参与了相关研究，已经在空间生命科学、航天医学、空间材料科学、微重力流体物理等领域取得重要成果。

让我们一起为中国航天加油吧!

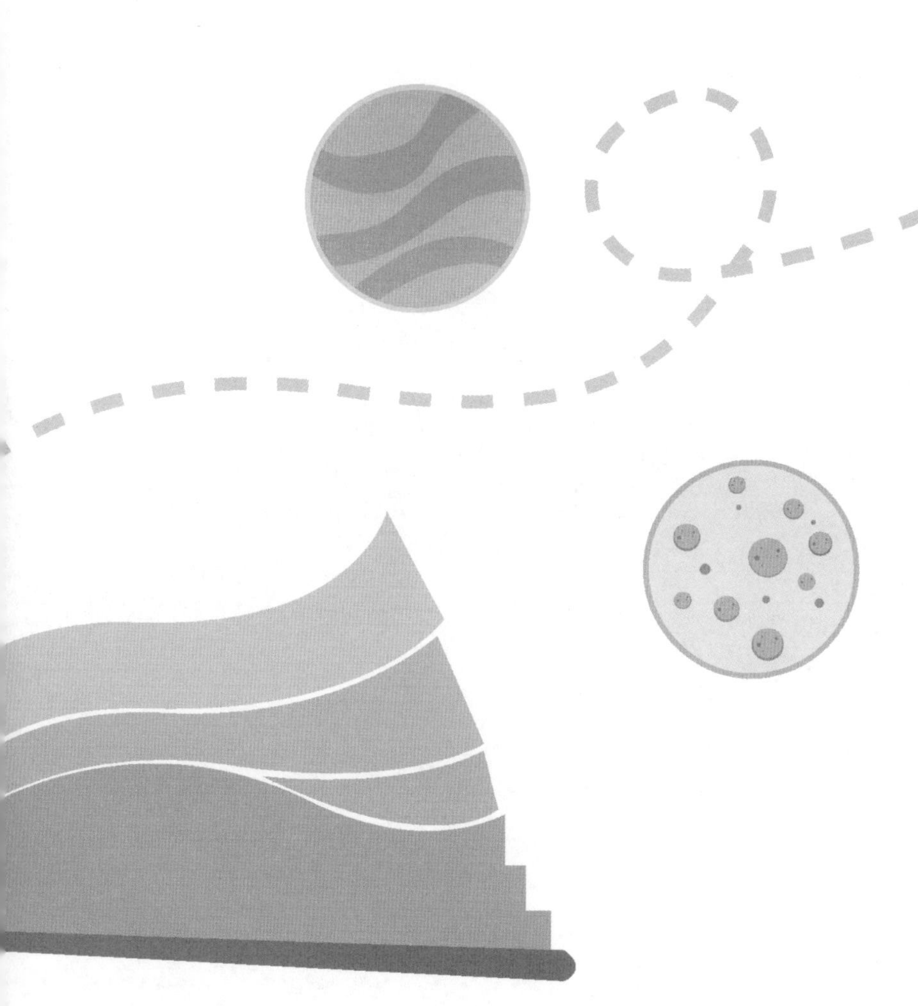

读书心得

第4章　奇妙的天文现象

第1节 天狗吃月亮与超级月亮

在古代，人类由于缺乏天文知识，看到夜晚的月亮逐渐被遮挡，就以为是天狗把月亮吃掉了，于是便敲锣打鼓来把天狗吓跑。其实天狗吃月只是一种天文现象，叫作月食。

那你知道月食是怎么回事吗？让我们一起去太空，看看月食是怎么形成的吧。

月球和地球都在不停地做公转运动，而月球本身不会发光，月球的光是反射的太阳光，当月球、地球和太阳依次运行到一条直线上时，此时的地球会遮挡住月球反射的太阳光，地球在背着太阳的方向会出现一条阴影，称为地影。

地影分为本影和半影两部分，本影是指没有受到太阳光直射的区域，而半影是指受到部分太阳直射的区域。月球在环绕地球运行过程中有时会进入地影，这就产生了月食现象，当月球整个都进入本影时，就会发生月全食；但如果月球只是一部分进入本影时，则会发生月偏食。月全食和月偏食都是本影月食。

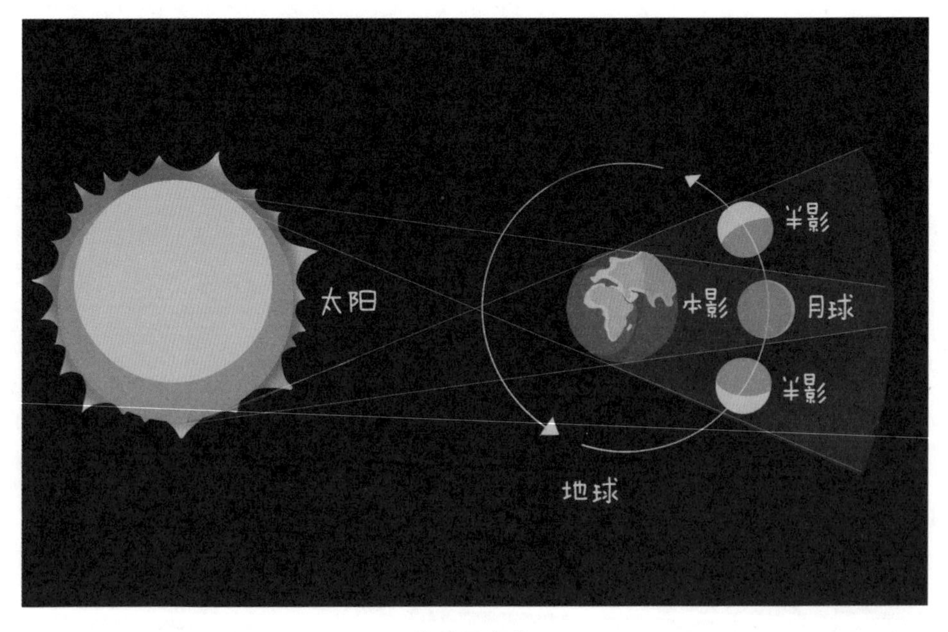

月食示意图

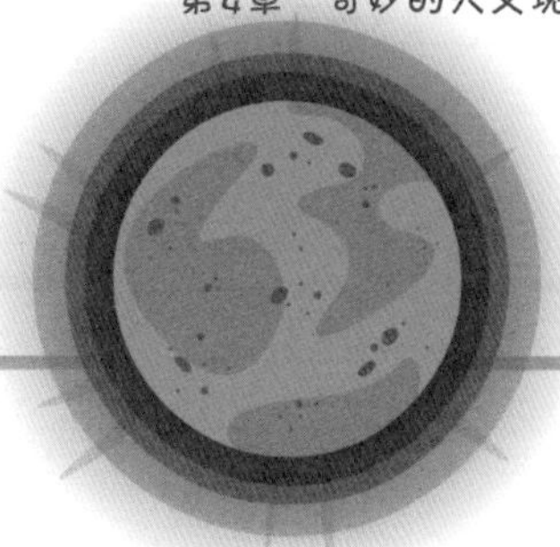

由于地球的本影比月球大得多，这也意味着在发生月全食时，月球会完全进入地球的本影区内，所以绝对不会出现月环食这种现象。

月食的出现是有规律的，通常一年会出现两三次月食，一年一般会出现一次月全食。而且，月食一定是发生在满月期间，有机会，一定要去观测一次月食。

你看过“超级月亮”吗？这也是一种天文现象，那么“超级月亮”又是怎么回事呢？

月球绕地球公转的轨道近似于一个椭圆形，因为是椭圆形，所以就会出现月球有时候离地球近、有时候离地球远的情况，所以就会出现近地点和远地点。近地点是月球转到离地球最近的地方，远地点则是月球转到离地球最远的地方。

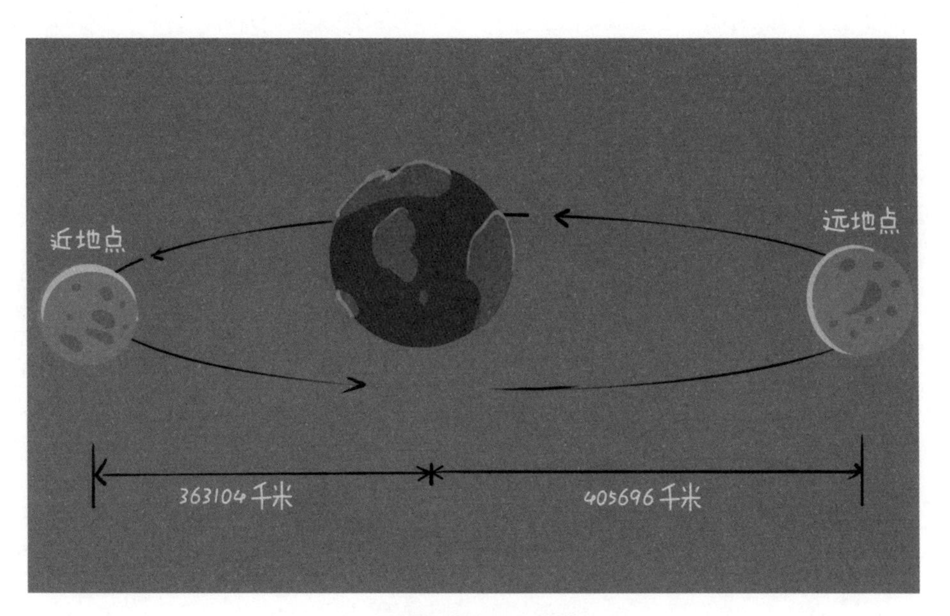

月球绕地球公转轨道

当月球转到近地点时，由于和地球的距离缩短，所以月亮看起来比平常要大一些，这就是“超级月亮”，所谓的“超级月亮”当然也属于满月。说到这里，你可能会有疑问：网络上的月亮又大又圆，在现实中看到的月亮为什么没有那么大那么圆呢？其实网络上很多照片都是经过特殊处理的，或者因为拍摄角度的问题，从而增加月亮的魅力。实际上我们看到的真实“超级月亮”并没有想象中那么大，但如果你仔细观察，“超级月亮”肯定要比平常的月亮大一些。

超级月亮通常一年会出现3～5次，有人认为月球和地球靠得太近，会诱发地球上大规模地震和火山喷发，实际上并没有证据表明超级月亮会给地球带来灾难。

下次超级月亮到来的时候，你一定要去更仔细地观察，看看是不是比平常的月亮大一些！

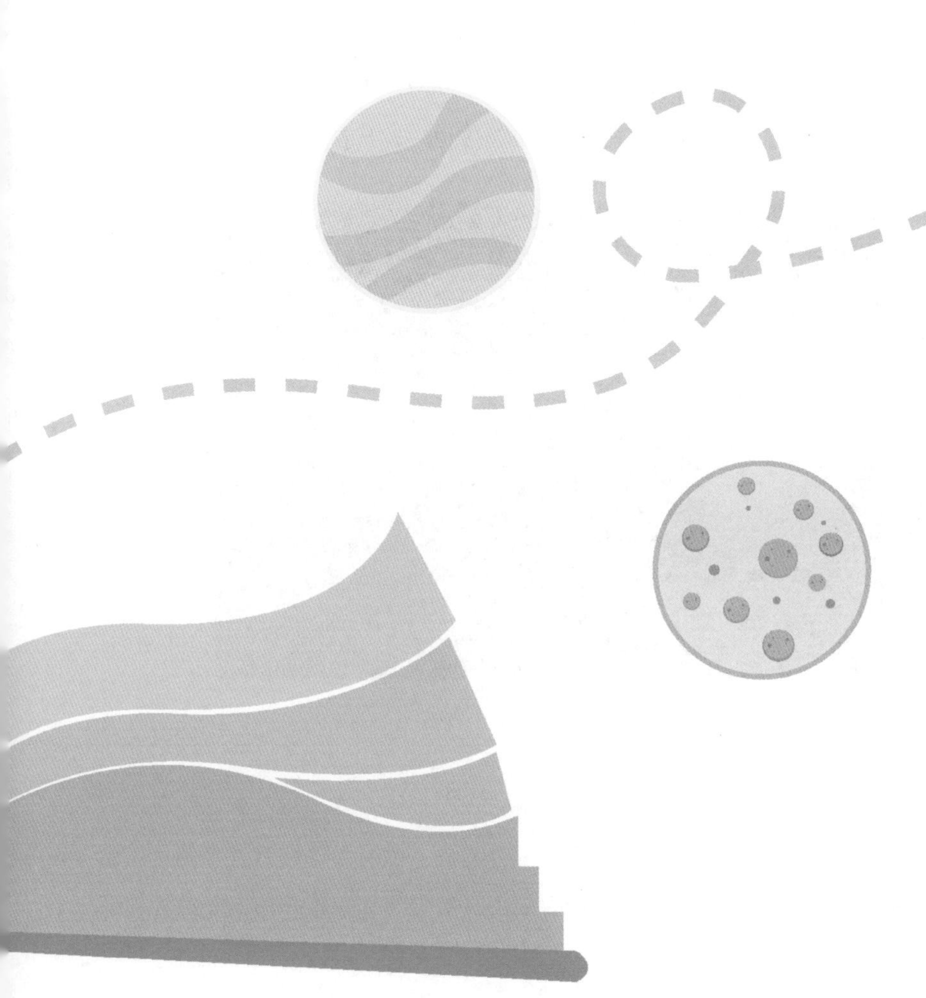

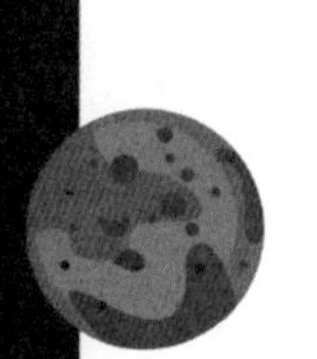

第2节 为什么会有日食？日食有几种形式呢？

太阳、地球和月球的结合非常美妙，给我们带来了日食、月食这样壮观的天文现象。在古代，当月食和日食发生的时候，人们会感到恐慌或迷茫，认为它们会给地球带来灾难，但随着科技水平的不断发展和进步，人们逐渐认识到日食和月食都是有规律的天文现象而已，并不会产生动荡。

之前讲过月食的形成原因，那么，日食又是怎么形成的呢？日食有几种形式呢？

当月球运行到太阳和地球中间时，如果三者正好处在一条直线上，月球就会挡住太阳射向地球的光线，此时，对于地球上的部分地区来说，月亮在太阳的前面，因此来自太阳的部分或全部光线被遮挡住，此时黑影看起来像是太阳的一部分或者太阳全部消失了，这就是日食。在民间传说中，日食又被称为天狗食日。

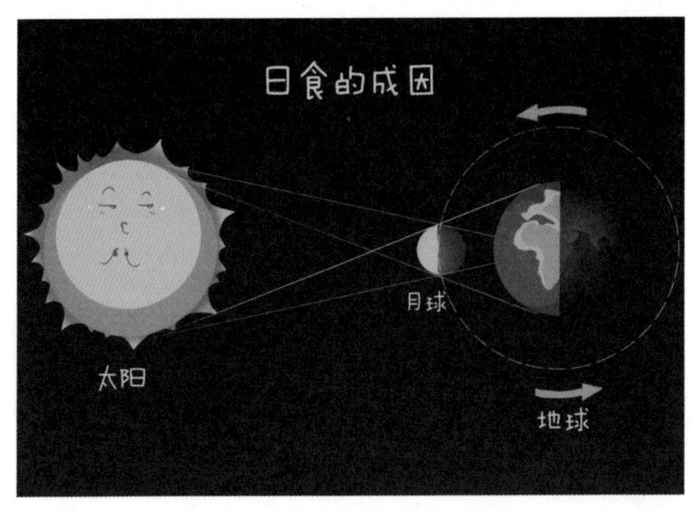

日食示意图

日食的阴影可分为本影和半影及伪本影。在本影区，太阳被完全遮住，此时看到的就是日全食；在半影区，太阳只被部分遮挡，此时看到的就是日偏食；而在伪本影区，太阳的中心被遮挡，但从太阳边缘射来的光未被遮挡，此时看到的就是漂亮的日环食。

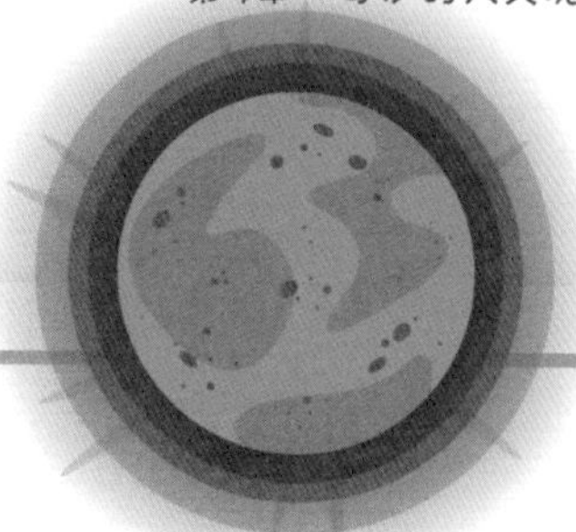

关于日食还有一个特别漂亮的现象，那就是“钻石环”。大家都知道月球表面有许多高山，通过望远镜我们可以很明显地看到月球边缘是不整齐的。

在太阳未被月亮完全挡住（也叫食既）或者月亮把太阳完全挡住后慢慢退出（也叫生光）的瞬间，未遮住部分形成一个发光区，像一颗晶莹的“钻石”，周围淡红色的光圈构成钻戒的“指环”，整个太阳看起来很像一枚镶嵌着璀璨宝石的钻戒，因此把它叫作“钻石环”。

日食没有月食那样频繁，特别是日全食和日环食，更是少见的天文现象。

古人记载“日食则朔，月食则望”，朔，是指农历的初一或初二；望，是指农历满月的十五或十六。也就是说，在我国境内，日食必定发生在月初，月食必定发生在月圆之夜。

漂亮的日环食

在地球上的某些地方，平均要三四百年才能看到一次日全食或者日环食。当日全食发生时，除了观看日食，我们还可以看到暗下来的天空上出现了很多星星，它们原本淹没在太阳耀眼的光芒下，太阳一旦被挡住，它们就显现了出来。

日食和月食都是大自然奉献给我们的奇景，当我们遇到的时候，千万要把握住观赏的机会，毕竟人的一生能看到这样奇特天文现象的机会不多呢！

要记得，观赏日食千万不可用肉眼直接观看，这样强烈的光线会灼伤眼睛，会造成短暂性失明，严重时甚至会造成永久性失明，所以一定要用专业的观日镜来观看日食现象。

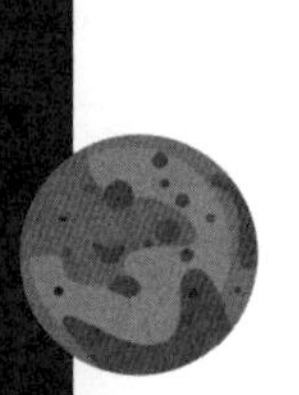

第3节 流星雨是怎么形成的？

你见过流星雨吗？是不是很壮观？流星雨象征着美好，人们认为对着流星雨许下心愿，就能实现愿望。

那么，什么是流星？什么是流星雨？

流星是一种天文现象，它是指那些运行在星际空间的流星体在接近地球时，被地球引力吸引，高速穿越地球大气层时发生燃烧所产生的光迹。大部分流星体在落到地面之前便会被消耗殆尽，少部分则会掉到地面上，就成了我们所说的陨石。

猜一下，多大的流星体会燃烧成为流星呢？其实和石头差不多大的流星体就可以成为流星，这是不是颠覆了你的想象？

而流星雨则是很多流星在某个时间段相继落下的情形。流星雨并不是我们想象中的，会像雨滴一样密集、有序地下落，而是在天空中不规则地散落，只是比平时我们看到的单个流星更壮观。

夜空中的流星雨

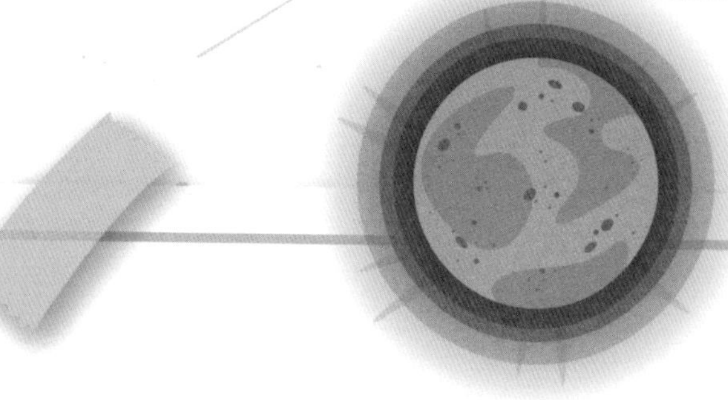

那么，关键的问题来了，流星雨是怎样形成的呢？了解了流星的原理，你可能会想到，流星雨就是很多流星体一起穿越大气层形成的，没错，但是这些流星体为什么会聚集在一起呢？

还记得之前所讲的彗星吗？彗星这个“脏雪球”的主要成分是冰和岩石，当彗星接近太阳时，冰被蒸发，导致彗星的部分破碎，在太空产生了许多彗星碎片，成为一个流星体流，也就是尘埃尾。每当地球公转到这个位置，尘埃尾受到地球引力的影响，进入地球大气层，与大气相互摩擦燃烧，便形成了壮观的流星雨。

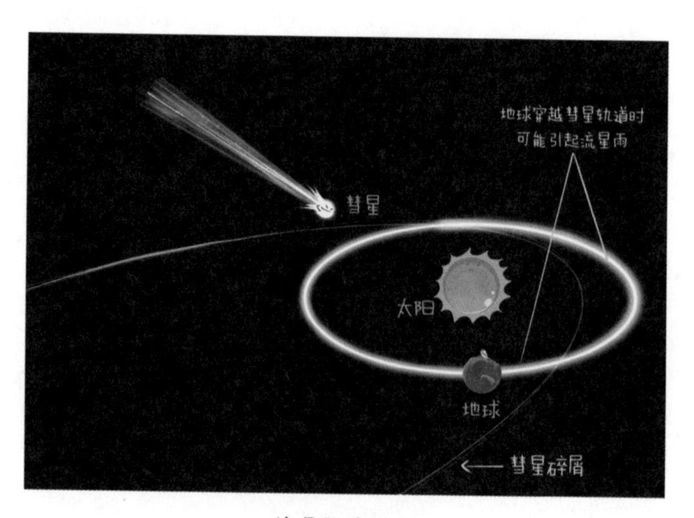

流星雨的形成

大部分的流星雨都是由以上这个原因形成的。例如，狮子座流星雨的母体彗星是1866年发现的坦普尔-塔特尔彗星，它每33年绕太阳公转一周，遗留在轨道上的碎片和尘埃在每年的11月与地球相遇时，就会出现流星雨。而猎户座流星雨则是著名的哈雷彗星送给我们的礼物。

你可能又有疑问了，流星雨和这些星座之间又有什么关联呢?

流星雨都有着自己的星座名字，那是天文学家为了区分不同方位的流星雨，便以流星雨辐射点所在天区的星座给流星雨命名，如狮子座流星雨就是在狮子座的上空。

比较著名的流星雨有：狮子座流星雨，每年的11月前后会出现；双子座流星雨，每年的12月前后出现，它的流星亮度高，而且火流星的概率比较大，是北半球三大流星雨之一；象限仪座流星雨，每年的1月前后会出现；英仙座流星雨，出现在每年的7月或8月；猎户座流星雨，出现在每年的10月；金牛座流星雨，出现在每年的10月或11月；天琴座流星雨，出现在每年的4月。

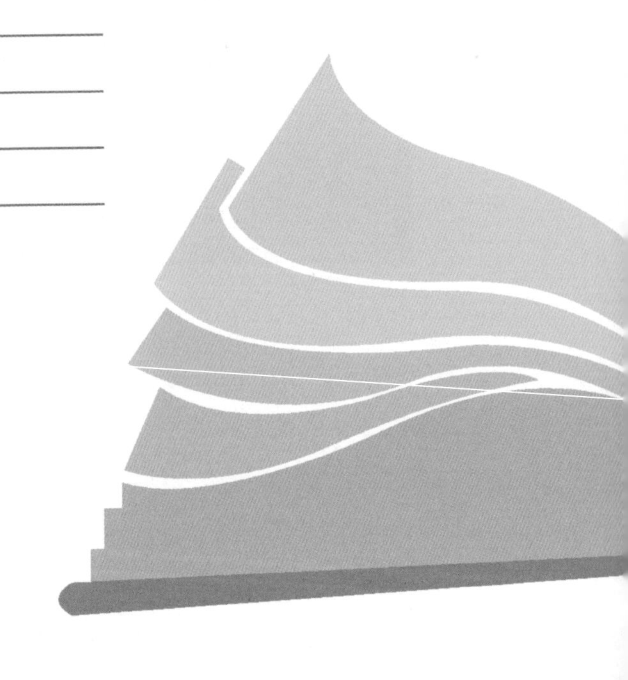

以上这些流星雨的流星是流量值比较大，比较容易被观测到的。

有机会一定要去看一场壮观的流星雨！

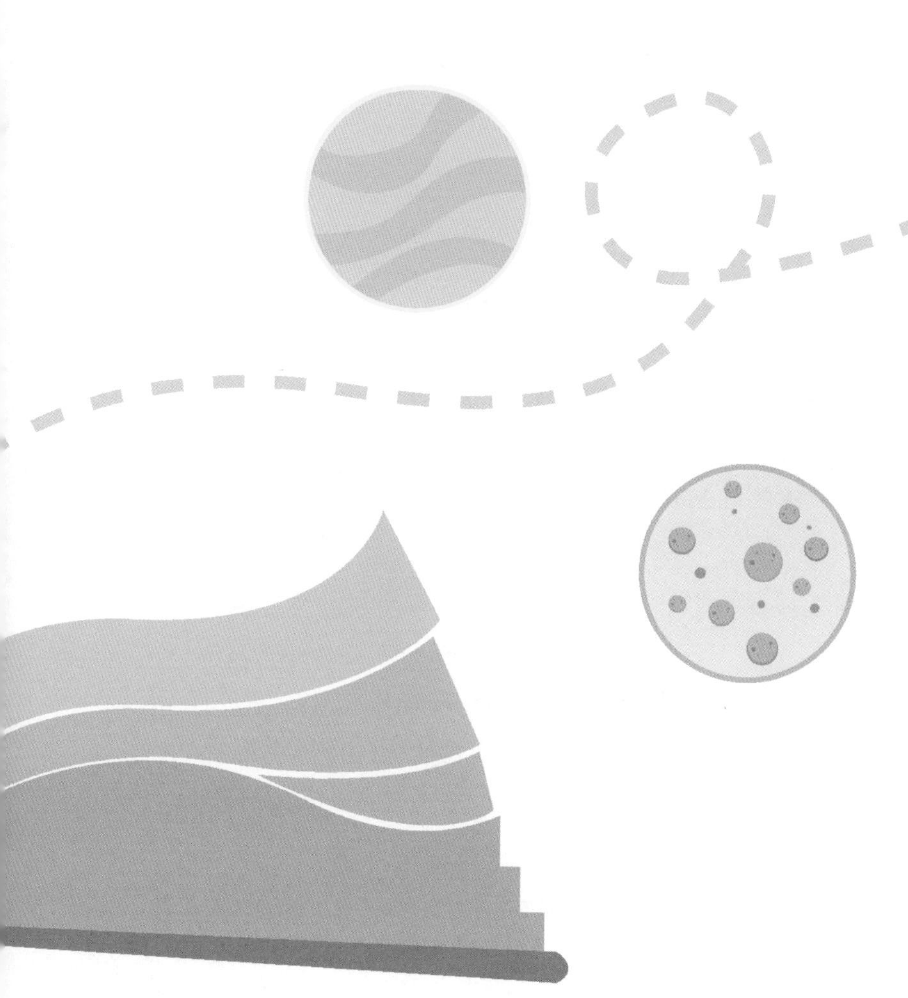

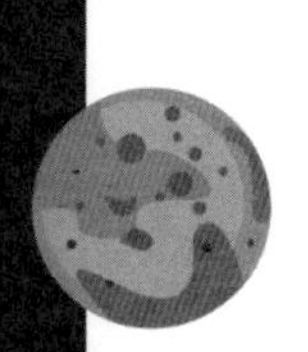

第4节 大自然馈赠的礼物——极光

美丽的极光

在地球的南北两极，当夜幕悄悄降临，晴朗的夜空中会出现一种神秘的现象：一条条五彩斑斓的光带，如同巨大的绸缎，被无形的手肆意挥舞。有时，它是柔和的绿色，如春天的新芽在微风中轻轻摇曳；有时，它又化作艳丽的粉色，仿佛天边盛开的桃花，娇艳欲滴，让所有的星光都黯然失色，这就是地球上最美丽的天象之一——极光！

在古代，由于科学认知水平有限，有的人认为极光是地球外缘燃烧的大火，有的人认为极光是夕阳西沉后从天际映射出来的光芒，还有的人认为极光是极圈的冰雪在白天吸收储存阳光之后，在夜晚释放出来的一种能量。

虽然人类觉得极光是奇迹般的存在，但其实极光的形成是一个正常的自然现象。

那么，极光是如何产生的呢？为什么极光一般会在南北两极附近的上空出现呢？

极光的产生需要3个条件：高能带电粒子、磁场和大气。这三者缺一不可。

太阳不仅每天向太空输送光和热，同时还发射大量高能带电粒子。太阳风高速冲撞到地球磁场所形成的防护罩时，带电高能粒子被磁场引导进地球大气层，并与高层大气中的原子碰撞就会产生了壮丽的极光！

注意，这里提到了一个词——太阳风。一定会有人问，太阳怎么会有风呢？太阳风虽然被称为“风”，但不是我们地球上常见的风。实际上，太阳风是太阳

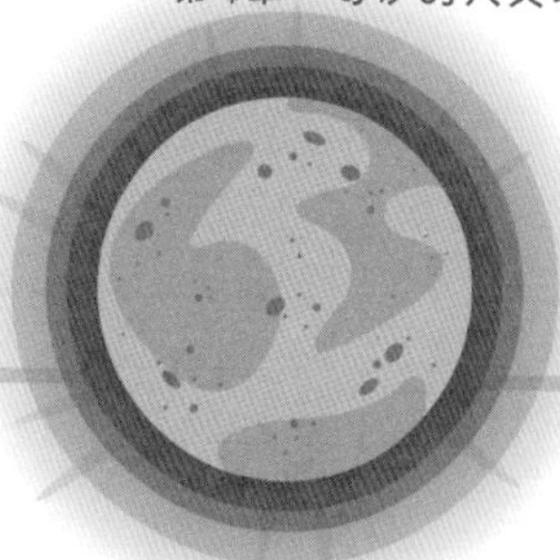

大气层射出的超声速等离子带电粒子流，任何恒星都有这种“风”，因此又被叫作恒星风。也许我们无法感受到它的威力，但是有一种星体能将太阳风的威力展现给我们看，那就是彗星。彗星长长的尾巴正是被太阳风“吹”出来的。

言归正传，我们继续来说极光。我们通常说北极光和南极光，那为什么一般会在南北两极产生极光呢？

南北极光的产生主要源于太阳风，即太阳喷射的带电粒子流。当它抵达地球时，受地球磁场的引导，多数带电粒子被引向地球南北两极，南北极上方的磁场就像一个漏斗，这些带电粒子可以从漏斗处进入地球大气层，带电粒子与大气中的原子、分子发生碰撞，极光就产生了。

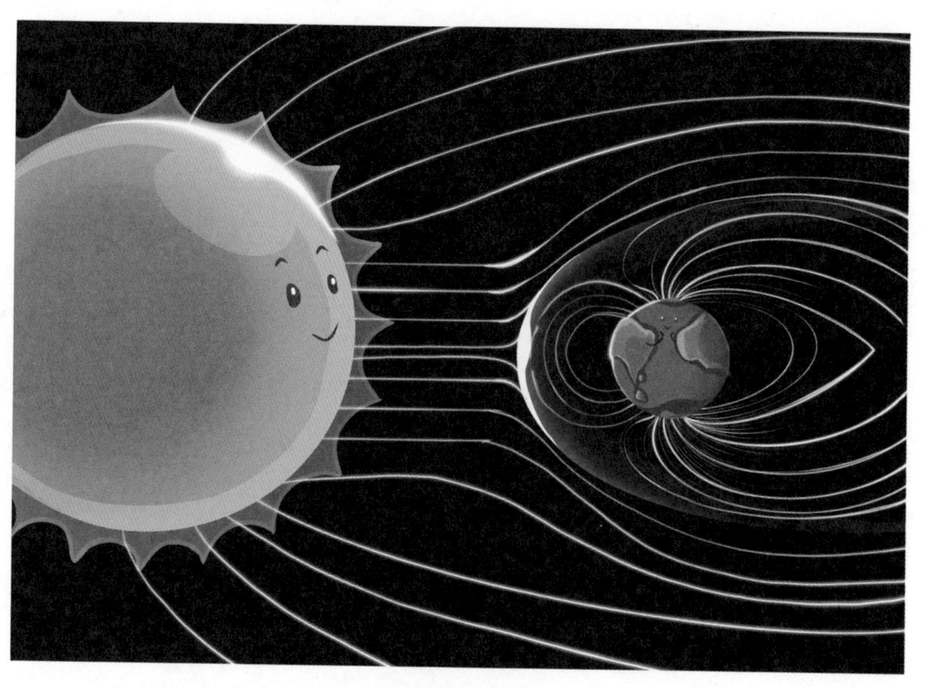

极光产生的原因

一般来说，按照极光的形态，极光的可分为弧状极光、带状极光、幕状极光、放射状极光。

那么，在地球上，哪些地方能够看到极光呢？

除了南北两极外，加拿大北部、俄罗斯北部、美国的阿拉斯加州，以及北欧的芬兰、瑞典、挪威等地都可以看到美丽的极光。在我国最北部的漠河有时也能看到极光，不过这需要运气。

也许你会问了，除了地球，别的星球会有极光吗？当然，火星、木星、土星上也有极光现象。

有机会一定要目睹一次大自然馈赠的天象——极光！

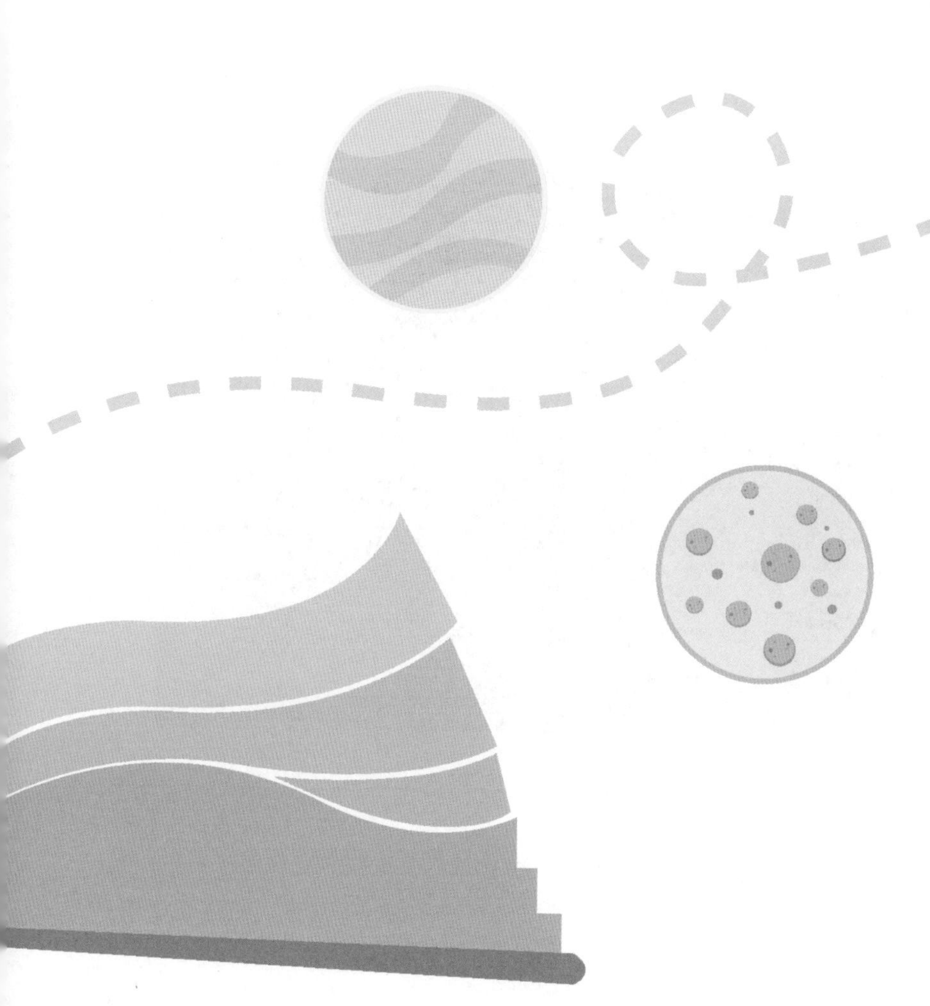

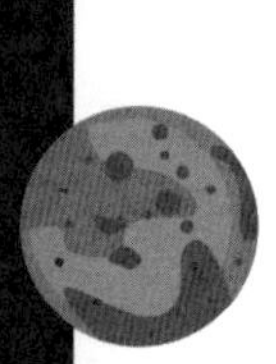

第5节 七星连珠会给地球带来灾难吗？

你觉得七星连珠会给地球带来灾难吗？

行星连珠是指太阳系的多个行星同时出现在天空中一个较小的区域。人们通过肉眼只能看到金、木、水、火、土5颗行星，它们同时出现在一侧时，就会出现5星连珠现象。如果加上利用望远镜观测到的天王星与海王星，这7颗星同时出现在天空的一侧，就是罕见的七星连珠了。

当然，太阳系内还有其他的天体，如水星、金星、木星、火星、土星、地球、太阳、月球、天王星、冥王星、海王星等，其中的任何7颗星体出现“连接”的状态，都算是“七星连珠”的奇观。

行星连珠现象

那么问题来了，“几”星连珠现象到底是怎么产生的呢？我们要知道的是，各大行星环绕太阳公转的周期不一样，而且轨道平面也不重合，所以在太阳系中，这些行星需要经过长时间的运转，才能够在某个特殊的时间排成一条直线。

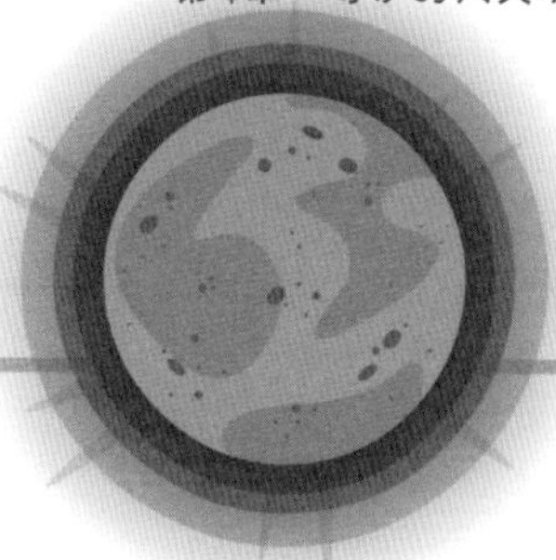

但是实际上，这条直线并不像我们数学中画出来的直线那么笔直，只有当行星之间张角小于30°的时候，我们才认为是连珠现象。至于这个张角的度数，不同的国家也有不同的规定。

有人说行星连珠现象产生的引力叠加在一起，会给地球上带来灾难，使地轴倾斜，将致使南极地区数以万吨的冰和水顺流而下，这些冰水足以吞没地球所有文明世界。

思考一下，连珠现象真的会给地球带来灾难吗？

其实，这种说法毫无科学依据！

除了太阳与月球对地球的引力之外，其他天体对地球的引力都非常小，就算对地球引力较大的金星，其对地球的最大引力也只有月球对地球引力的1/20 000。

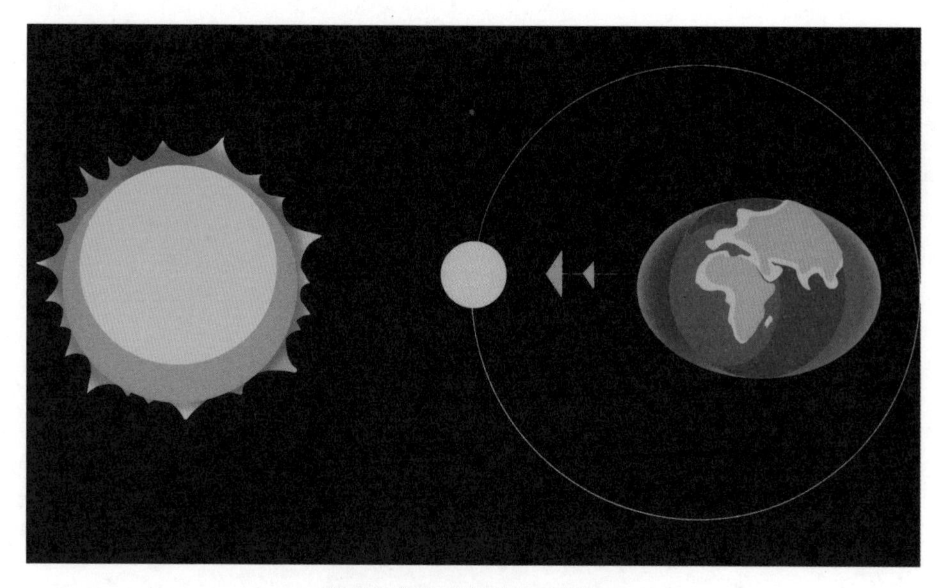

月球与太阳对地球引力的影响

月球的引力可以引起地球上的海洋潮涨潮落，通常海洋的低潮和高潮会达到2~5米，最高可达10米。相比之下，即使所有的行星都排在一个方向上，它们的引力变化也只是使地球海水涨落0.4毫米，完全可以忽略不计，所以根本不可能给地球带来任何灾难。

任何事情都有两面性，有人说“几”星连珠是灾难的预兆，有人则认为“几”星连珠是吉兆，其实“几”星连珠归根到底是一种特殊的天文现象。

据统计，从公元1年到公元3000年，人类至少会观测到39次“七星连珠”，平均每77年就会出现一次“七星连珠”，最近一次出现“七星连珠”的时间是2022年6月17日。据天文学家推测，下一次出现“七星连珠”应该在2040年前后，不过那时的“七星连珠”就是另外7颗天体了。

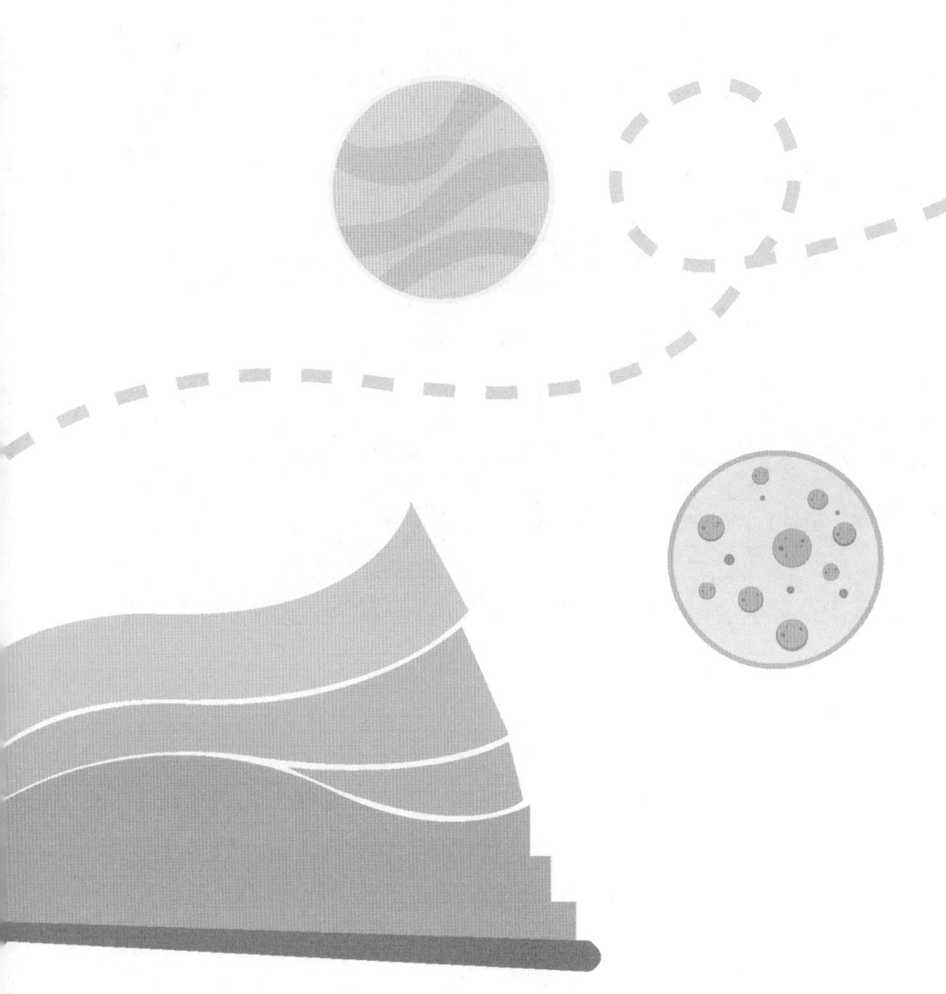

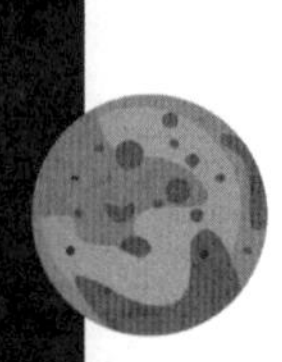

第6节 夜空观星指南春季篇

天上的星星你认识几颗呢？现在城市的光污染和空气污染太严重了，晚上看星星都成了一种奢侈。不过，在一个晴朗的、没有光污染的夜晚，依然能看到很多星星。理论上，人的肉眼可以看到3000多颗星星。接下来，让我们一起来认识天上的星星。

首先我们来学习夜空观星指南春季篇。

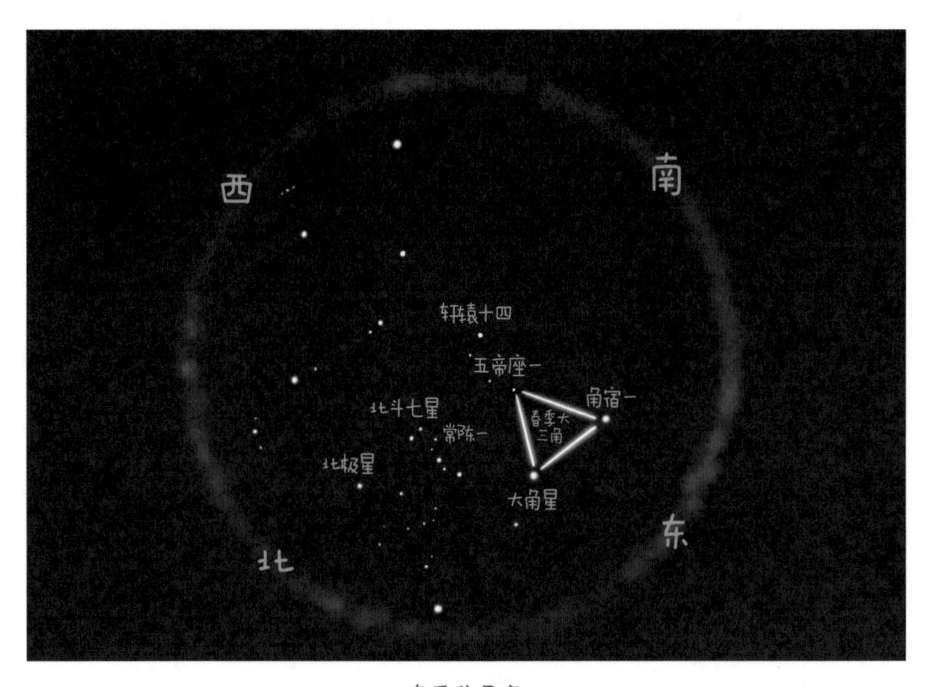

春季的星空

春夜的星空是迷人的。在天顶以北，大熊座的北斗七星当空高悬，斗柄指向东方，所以在我国古代就有“斗柄东指，天下皆春”的说法。沿北斗七星斗斗口的二星天璇和天枢，往斗口方向延伸5倍左右的距离，在大约正北方20多度仰角处，可看到附近唯一一颗还算亮的星，就是著名的北极星（勾陈一）。除了北斗七星外，狮子座、春季大三角、春季大钻石都是春季星座的标志。另外，长蛇座

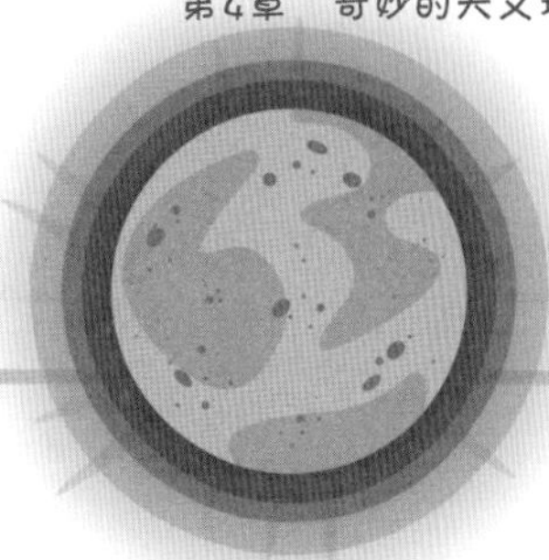

是春季星空中最壮观的星座，它是全天88个星座中最大的一个，“蛇头”在狮子座西面，弯弯曲曲，“尾巴”一直盘到室女座的脚下，赤经跨度超过了100°，每年春季的四五月间，它几乎从东到西横贯整个南部天空。这条蛇虽然又大又长，但是其中并没有亮星。

为了方便认识星空，古人编了很多歌谣和口诀，如《四季认星歌》。我们就根据这首歌来认识一下春季的星空。

四季认星歌——春季

春风送暖学认星，北斗高悬柄指东。

斗口两星指北极，找到北极方向清。

狮子横卧春夜空，轩辕十四一等星。

牧夫大角沿斗柄，星光点点照航程。

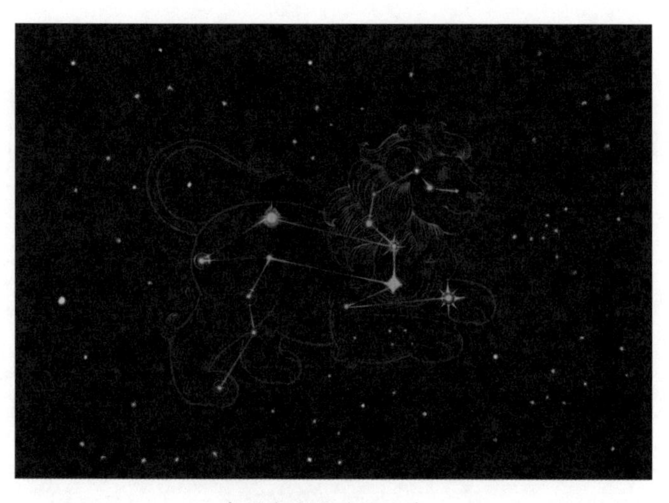

春季夜空里的狮子座

第一句：春风送暖学认星，北斗高悬柄指东。说的是在春季，刚入夜不久，北斗七星的斗柄是指向东方的，就位于东北方向的夜空。

第二句：斗口两星指北极，找到北极方向清。这是说寻找北极星的方法，就是通过北斗七星斗口的天璇和天枢两颗星顺着往下找，就能找到北极星的位置。

第三句：狮子横卧春夜空，轩辕十四一等星。狮子座是春季夜空的标志星座之一。春季的夜晚，狮子座高卧在东方的天空中，而狮子座中最亮的星星是轩辕十四。

最后一句：牧夫大角沿斗柄，星光点点照航程。回到北斗七星，沿着北斗七星勺柄的几颗星顺势画一条大弧线，就会看到一颗非常明亮的星，这就是大角星。大角星属于牧夫座，是牧夫座中最亮的一颗星星。

其实，春季星空的标志星座，除了上述歌谣里提到的星座外，还有春季大三角和春季大钻石。其中，位于东方上空狮子座的五帝座一和牧夫座的大角星、室女座的角宿一，这三颗星组成了春季大三角。而春季大三角的这三颗星，加上猎犬座的常陈一，正好组成一个四边形，这个四边形叫作春季大钻石。

春天的星空你认识了吗？

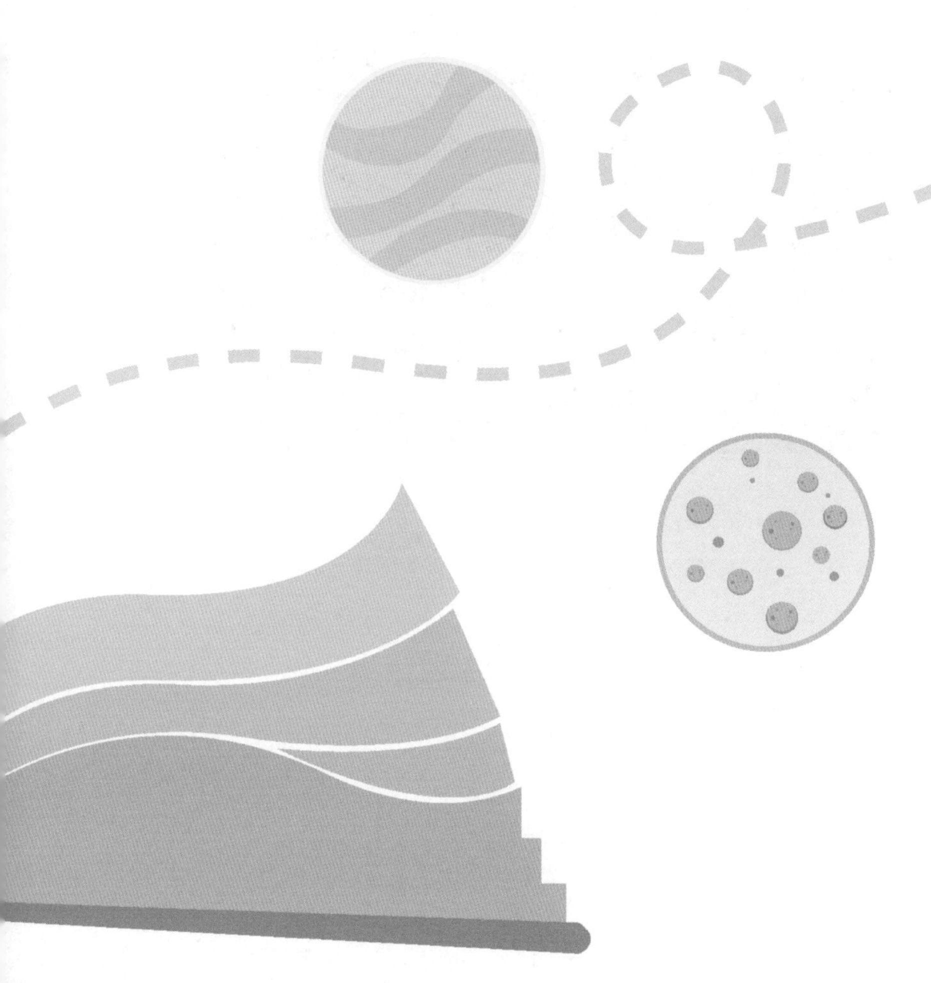

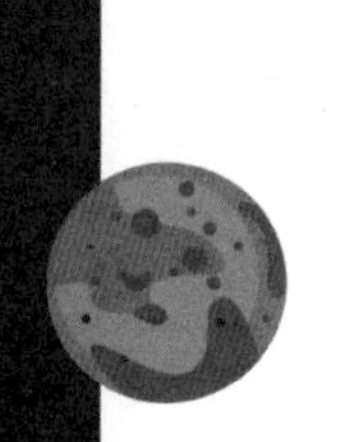

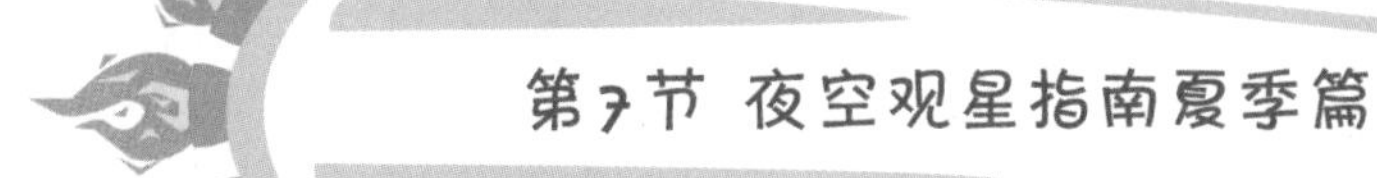

第7节 夜空观星指南夏季篇

盛夏时节，蝉鸣蛙叫，银河高悬，繁星满天，充满诗情画意。那么，夏季星空又有哪些代表性的恒星和星座呢？

夏至过后，夜空星象逐渐变成夏季的星空。夜晚向东边的高空望去，最醒目的是3颗一等亮星：天琴座的织女星、天鹅座的天津四和天鹰座的牛郎星，它们组成了一个近似于直角的巨大三角形，称为“夏季大三角”。

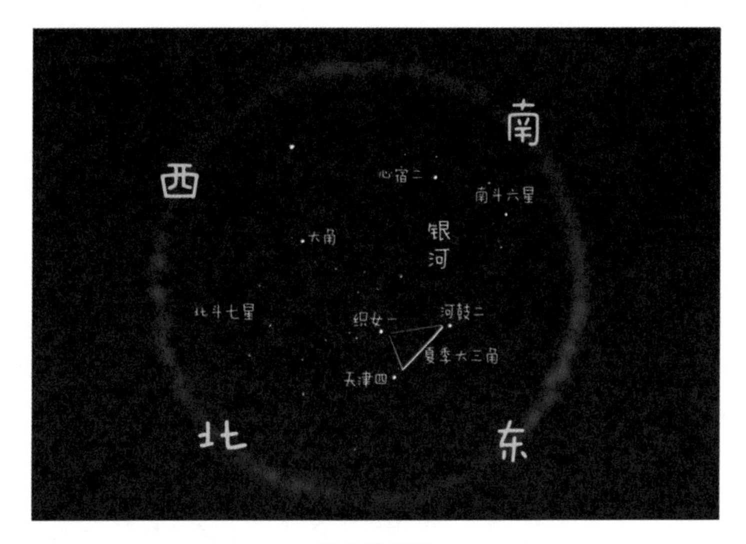

夏季的星空

夏季大三角中，最亮的是织女星，位于大三角直角顶点。以织女星为参照，大三角右边顶点是牛郎星，又名河鼓二；大三角左边顶点是天津四，它是天鹅座中最亮的恒星。只要天气晴好，抬头就能很容易找到这3颗亮星，都市中耀眼的灯火也不能掩盖它们的光芒。

从夏季的夜空往南看，南方低空中天蝎座的心宿二火红通亮，格外明显，中国古代称之为“大火星”。从心宿二向东可以找到人马座，就是我们常说的射手座，其中的6颗星组成南斗六星，与西北天空的北斗七星遥遥相对，人们所说的“北斗七，南斗六”就来源于此。

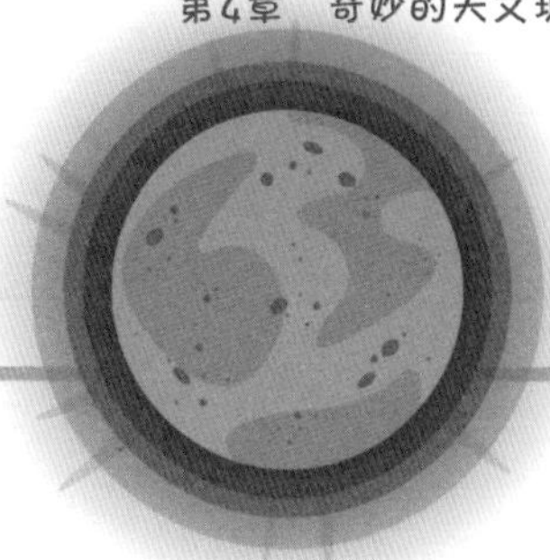

另外，夏季是观测“银河”的最佳时机。在夏季的东南夜空中，天蝎座、人马座之间的区域是银河最灿烂的部分，不仅明亮，而且色彩丰富。银河是由数亿颗发光的恒星组成的，星光明亮，星星数量又多，于是银河看上去就像河流或者带子。当然想要观看银河，必须到一个完全没有光污染、空气质量很好的地方，注意，月光也属于光污染。

接下来，我们根据歌谣《四季认星歌——夏季》，来认识一下夏季星空中的主要星座和恒星。

四季认星歌——夏季

斗柄南指夏夜来，天蝎人马紧相挨。

顺着银河向北看，天鹰天琴两边排。

天鹅飞翔银河歪，牛郎织女色青白。

心宿红星照南斗，夏季星空记心怀。

夏季夜空中的银河

第一句：斗柄南指夏夜来，天蝎人马紧相挨。说的是在刚入夜之后，在北方上空能看到北斗七星，斗柄指南代表夏季来了。夏季南面的天空里，天蝎座和人马座紧紧相邻，它们是夏季夜空中比较显眼的星座，它们所在的方向也是银河中心的方向。

第二句：顺着银河向北看，天鹰天琴两边排。意思是从天蝎座和人马座开始，沿着银河方向朝北看去，会看到天鹰座和天琴座分列在银河两侧。天鹰座中最亮的星星就是我们熟悉的牛郎星，牛郎星的两侧各有一颗小星，好像牛郎挑着一根扁担，两头放着他的儿女。而天琴座中最亮的星星是我们熟悉的织女星，它与牛郎星隔河相望。

第三句：天鹅飞翔银河歪，牛郎织女色青白。意思是在天鹰座和天琴座的不远处，还有一个明显的星座，它就是天鹅座。天鹅座横跨银河，就像一只展翅高飞的天鹅，其中最亮的星星是天津四，天津四与织女星、牛郎星，组成了一个横跨银河的三角形，称作“夏季大三角”。牛郎星和织女星是夜空中亮度排名前20位的恒星，颜色青白，非常容易辨认。

最后一句：心宿红星照南斗，夏夜星空记心怀。心宿红星指的是天蝎座中的最亮星——心宿二，又名大火星。大火星与火星一样，肉眼看起来都是颜色发红的星。这里的南斗就是南斗六星，是人马座的一部分。

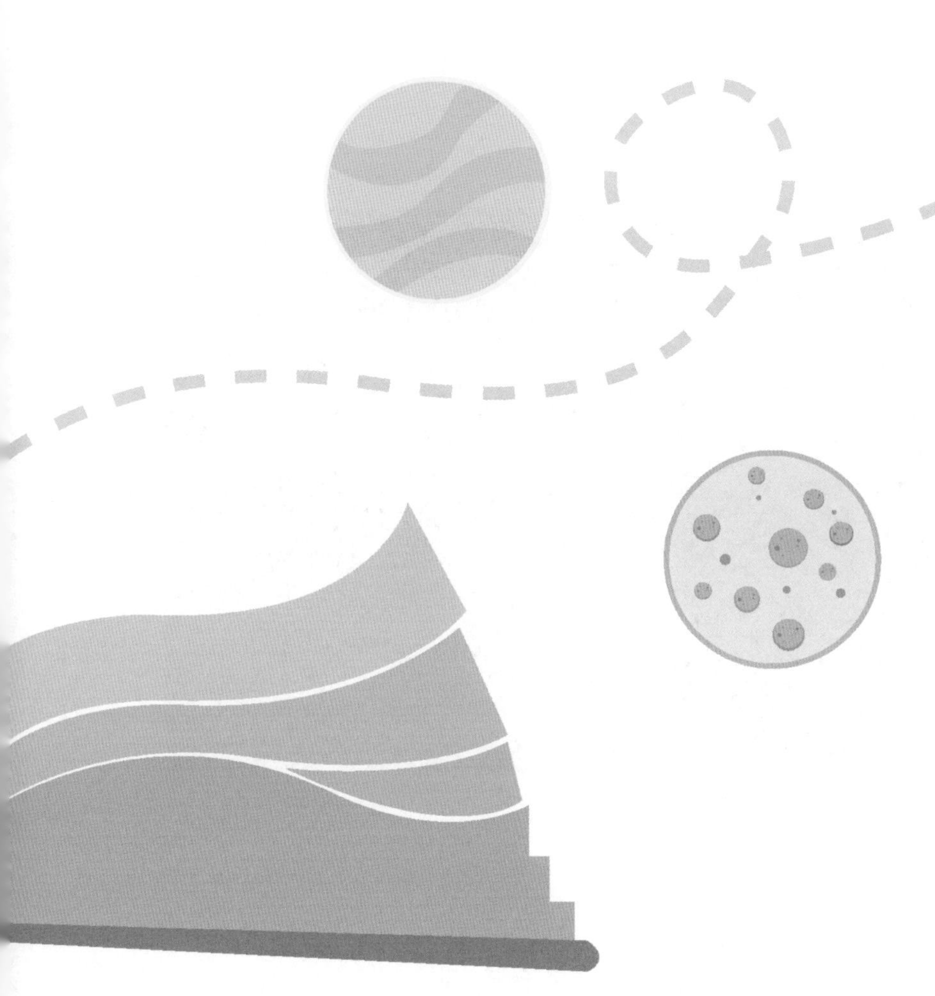

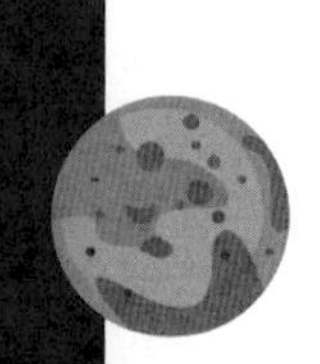

第8节 夜空观星指南秋季篇

如果说夏季的星空是一首田园交响曲，那么秋季的星空就是一首抒情小夜曲。秋夜的苍穹虽不如夏夜热闹，但也不乏看点。

秋季入夜后，在天空中占据主要位置的还是夏季夜空的标志性星座，例如，在天顶附近的天琴座、天鹰座、天鹅座等，但一些秋季的夜空代表星座已经从东方地平线上升起，银河也由正南方天空移向西偏南方向，虽然没有夏季时那般璀璨，但也别有一番韵味。

秋季的星空中最引人注目的是“秋季四边形”。这个四边形由飞马座的3颗星和仙女座的1颗星构成，分别是东侧的壁宿一和壁宿二、西侧的室宿一和室宿二，如果天气晴好，还是很容易辨识的。

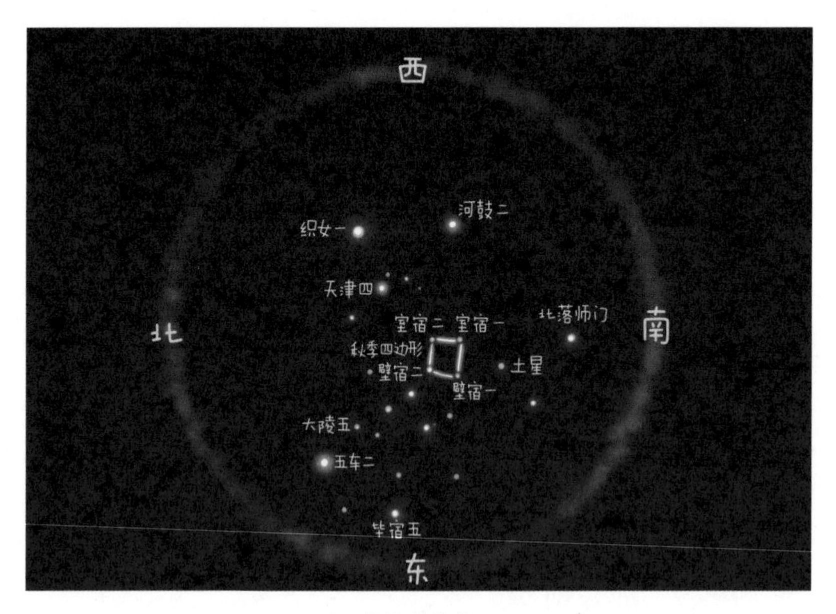

秋季的星空

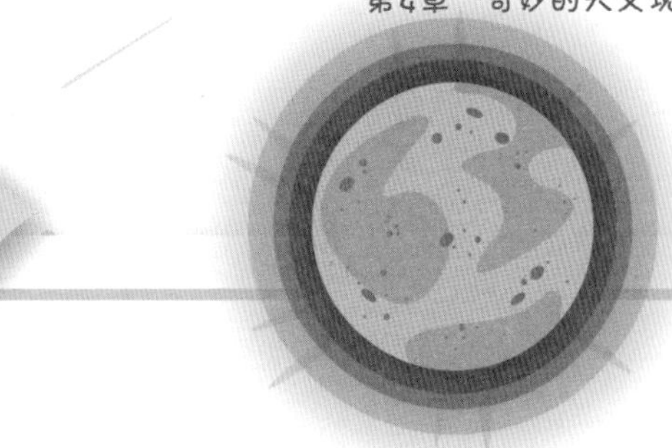

秋季是四季星空中亮星最少的一个季节。从室宿二和室宿一的连线向南延伸，可以看到秋季星空中最亮的恒星——位于南鱼座的北落师门。

接下来，我们根据歌谣《四季认星歌——秋季》，来认识一下秋季星空的特点。

四季认星歌——秋季

秋夜北斗靠地平，仙后五星空中升。

仙女一字指东北，飞马凌空四边形。

英仙星座照夜空，大陵五是变光星。

南天寂静亮星少，北落师门赛明灯。

第一句：秋夜北斗靠地平，仙后五星空中升。秋季夜空，北斗七星已经很接近地平线了，越靠近南方，北斗七星的位置越低；我们可以在北面天空很高的位置看到仙后座，仙后座与北斗七星隔着北极星遥遥相对。仙后座最显著的标志是组成M形状的五颗星，它们又被称为“仙后五星”。

第二句：仙女一字指东北，飞马凌空四边形。仙女座位于仙后座的南方，它由几颗星组成一个一字形，并指向东北方，所以是“仙女一字指东北”。在仙女座旁边，靠近我们头顶的位置是“秋季四边形”。秋季四边形是由飞马座的3颗亮星和仙女座的1颗亮星共同组成。因为这个四边形在头顶，又位于飞马座，所以叫飞马凌空四边形。飞马当空，银河斜挂，正是秋季星空的象征。

第三句：英仙星座照夜空，大陵五是变光星。英仙星座照夜空很好理解，指的就是英仙座，英仙座中有一颗著名的变光星，中文名叫大陵五。大陵五的亮度总在不断地变化，先是很亮，后逐渐暗下来，暗到它的正常亮度的1/6时，又逐渐亮起来，每隔2.8天循环一次。你肯定很好奇，大陵五为什么会忽明忽暗呢？这是因为大陵五是一个3星系统，它里面有三颗恒星，它们在彼此引力的作用下互相环绕着旋转，当一颗星转到挡住大陵五的位置，我们就看到了大陵五变暗了，当它从大陵五背后转出来时，大陵五就又变亮了。当然，我们的肉眼只能看到大陵五。

最后一句：南天寂静亮星少，北落师门赛明灯。这句话是说，秋天星空中南面的亮星比较少，而北落师门是其中的一颗亮星，它周围没有亮星，显得孤单，是南鱼座主星。

当然，秋季也是观察木星和土星的最佳时机，土星首先从东南夜空升起，肉眼观测呈现为黄色，随后木星也会冉冉升起，它是秋季夜空中最亮的星，用望远镜即可观测到木星和土星的细节。

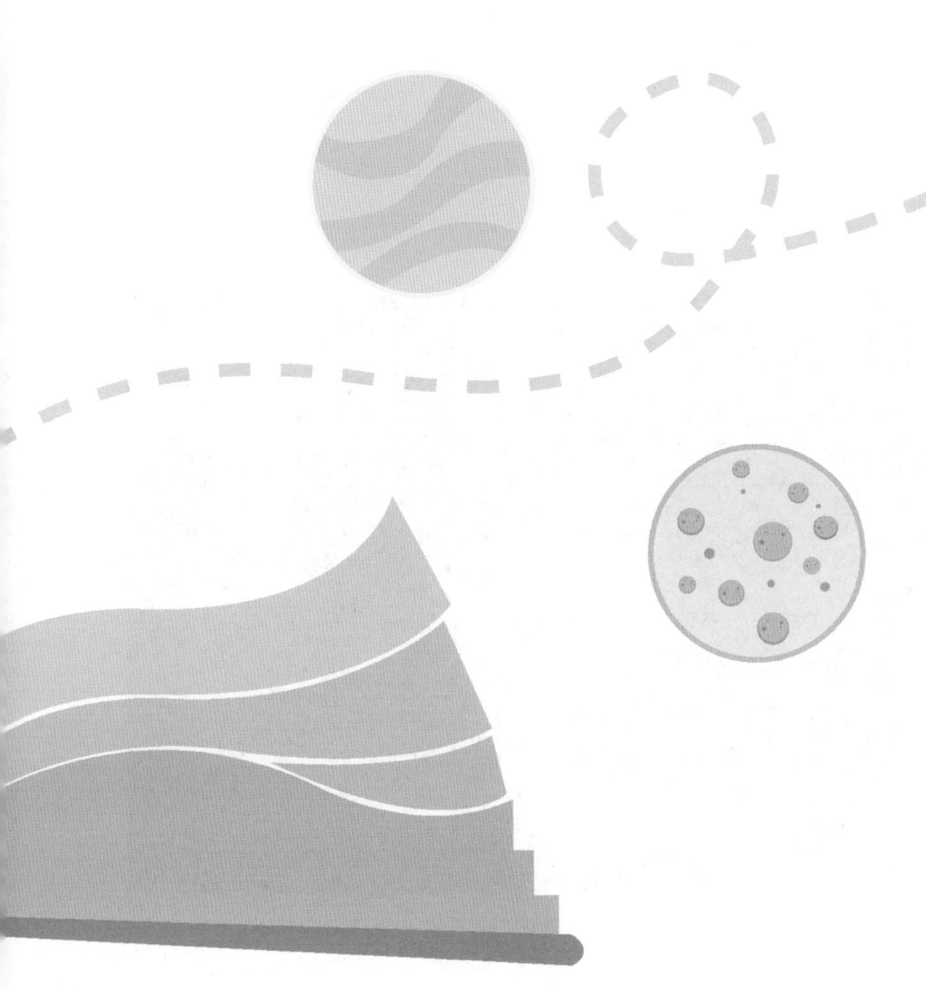

第9节 夜空观星指南冬季篇

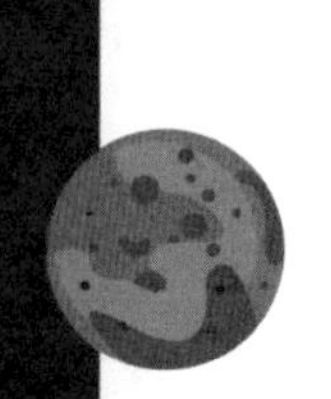

北半球冬季的夜空可以说是一年中最美丽的星空，冬季星空中最明亮的星座就是猎户座。晚上，猎户座会从东方升起，其主体部分是由7颗亮星组成一个H的形状，中间细，上下较宽。其中左上角的一颗星很亮，颜色较红，这颗星的名字叫作参宿四，由于其表面温度较低，故呈红色。右下角也有一颗亮星，名为参宿七，亮度稍高于参宿四，是全天第七亮星。和参宿四不同，参宿七表面温度较高，故呈蓝白色。此外，在两颗星中间有3颗星排列成一条直线，再加上右上角的参宿五和左下角的参宿六，一个“猎人”的形状呼之欲出。

在猎户座的左下方有一颗非常亮的星，那就是天狼星。天狼星是夜空中当之无愧的最亮的恒星。在天狼星的东方和南方还有几颗亮星，它们共同组成了大犬座。

在猎户座的东方，有一颗小犬座的南河三，它是全天第八亮星。南河三、天狼星和猎户座的参宿四构成了一个等边三角形，称为冬季大三角，其亮度远大于

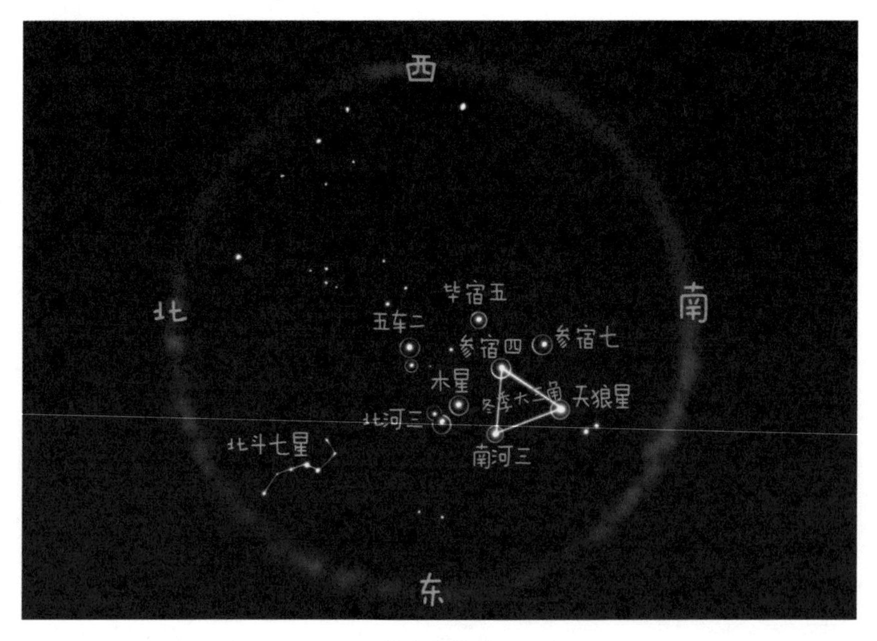

冬季中星空

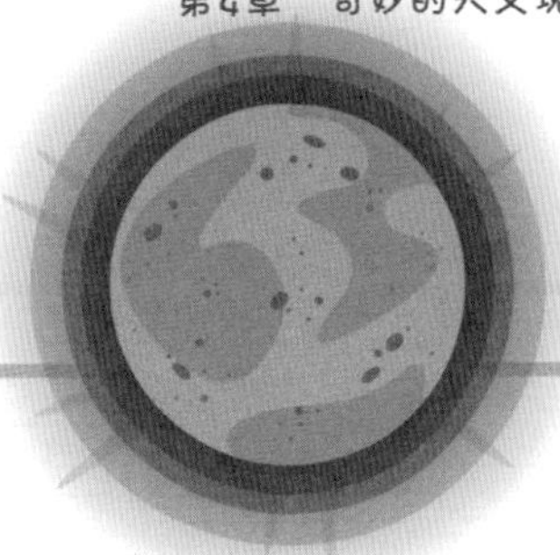

春季大三角和夏季大三角。

冬季的星空一眼望上去非常复杂，但是只要找准猎户座和天狼星，就可以在此基础上进行观测啦。

接下来，我们根据歌谣《四季认星歌——冬季》，来认识一下冬季星空的特点。

四季认星歌——冬季

三星高照入寒冬，昴星成团亮晶晶。

金牛低头冲猎户，群星灿烂放光明。

御夫五星五边形，天河上面放风筝。

冬季星空认星座，天狼全天最亮星。

第一句：三星高照入寒冬，昴星成团亮晶晶。三星指的就是猎户座腰间的3颗星，在中国属于参宿，分别为参宿一、参宿二、参宿三，这3颗星在民间又被称为福禄寿三星。俗话“三星高照，新年来到”中的三星，说的就是这3颗星。昴星指的是昴星团，昴星团位于金牛座，它是一个含有超过3000颗恒星的疏散星团，我们的肉眼通常能看到6颗亮星。

第二句：金牛低头冲猎户，群星灿烂放光明。金牛低头冲猎户，说的是金牛座和猎户座的形象和相对位置——金牛座在猎户座的上方，它低着头，两只牛角冲着猎户座。冬季是亮星最多的季节，以猎户座为中心的区域亮星尤其多，在这一片天区，可以看到猎户座的7颗亮星，金牛座的毕宿五，御夫座的五车二，双子座的北河二，北河三，小犬座的南河三、大犬座的天狼星，这些都是非常亮的星，所以说，冬季真是群星灿烂放光明。

第三句：御夫五星五边形，天河上面放风筝。御夫座主要由5颗亮星组成，形成一个五边形，横跨银河，看上去像一个风筝。

最后一句：冬季星空认星座，天狼全天最亮星。天狼星位于大犬座，是夜空中最亮的恒星。

以上这些星星都是冬季星空的标志。

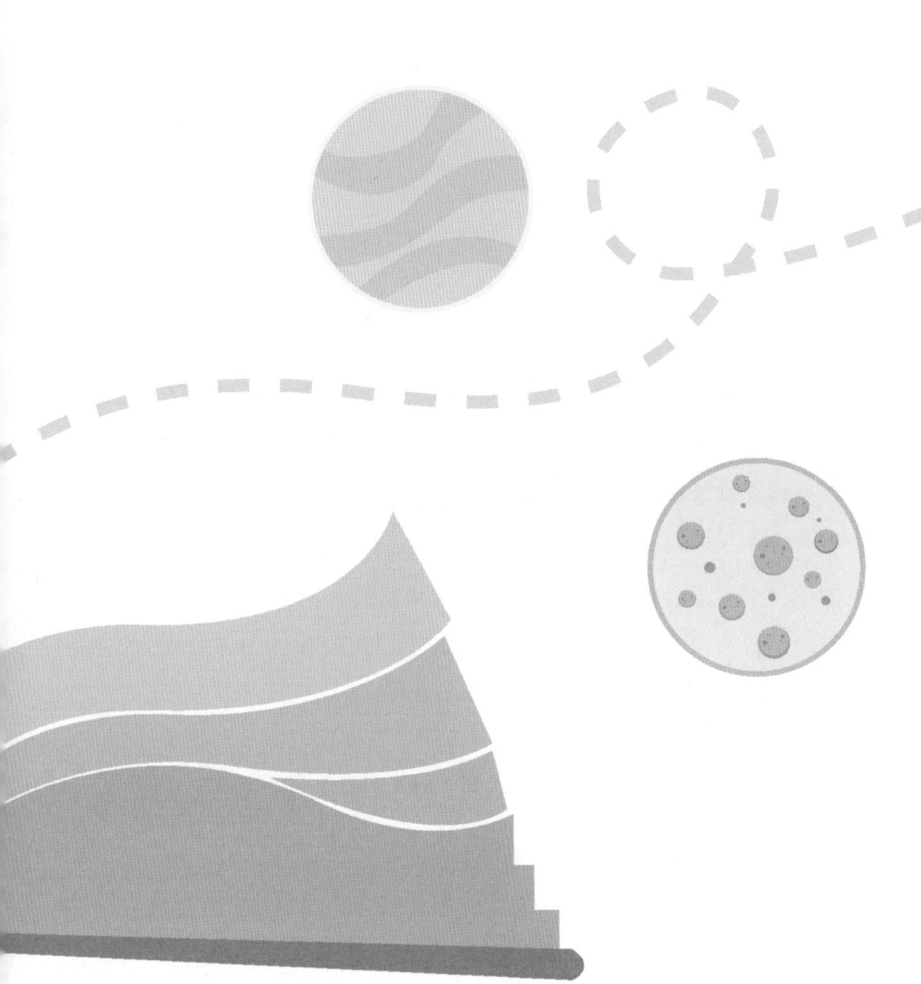

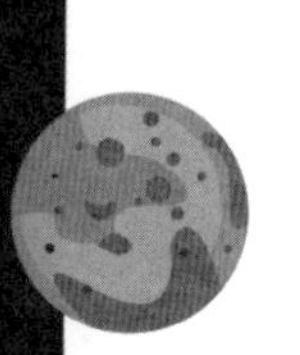

第10节 寻找外星人的足迹

宇宙中到底有没有外星人呢？如果真有外星人，那他们到底在哪儿呢？

恩利克·费米（美籍意大利物理学家，1901—1954年）

关于外星人是否存在，你肯定有很多疑问，不仅你有这个疑问，科学家们也有。20世纪50年代，美籍意大利物理学家恩利克·费米，就提出了费米悖论。费米认为，银河系中存在数千亿颗恒星，如果银河系只有千万分之一的恒星能孕育出高等文明，那放眼整个银河系，高等文明也该遍地开花，可我们连一种外星文明都没遇到过，这合理吗？另外，宇宙到现在已经诞生了138亿年，这么漫长的时间，足够很多文明展开大规模的星际旅行。银河系应该非常热闹，我们见着外星人就应该像邻居来串门一样，根本不必大惊小怪。然而，浩瀚无垠的大千宇宙却如此荒凉，只有孤独的人类在辽阔而寂静的宇宙中独自呐喊："它们到底在哪儿?"这就是著名的费米悖论。

针对费米悖论，很多学者都发表过见解，总体来看，有4种观点。

第一种，地球稀有假说。这种观点认为，地球文明就是宇宙的唯一，我们人类就是宇宙中最高等级的文明。

第二种，无法理解假说。这种观点认为，外星文明正高高在上地观察我们，就像人类观察蚂蚁一样，彼此之间的悬殊太大，我们根本无法理解他们的存在。

第三种，大过滤器理论。这种观点认为，任何文明发展到一定阶段都要经历极其严峻的考验，大量的文明无法通过考验就被过滤掉了，而我们的人类文明还

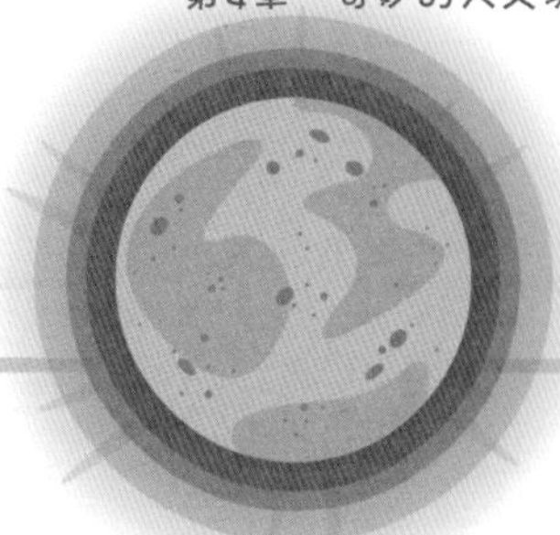

没发展到那个阶段。

第四种，黑暗森林假说。这种观点认为，宇宙如同一片黑暗森林，每个文明都是带枪的猎人。生存是文明的第一需求，一旦发现其他文明，不能交流，只能消灭，所以必须隐藏。这是宇宙的残酷生存逻辑。

想象中的外星人

美国天文学家、科幻作家卡尔·爱德华·萨根依据德雷克公式估计，存在地球外智慧生命的星球数量应该约为100万颗；美国科幻作家艾萨克·阿西莫夫则认为，这样的星球应该有67万颗；而美国天文学家与天体物理学家法兰克·德雷克较为保守地估计，这样的星球应该有10万颗。不少科学家坚信宇宙中是存在外星人的。

斯蒂芬·威廉·霍金（著名物理学家、宇宙学家，1942—2018年）

英国著名的物理学家、宇宙学家斯蒂芬·威廉·霍金曾预言外星人的存在，并启动并参与了寻找宇宙智慧生物的计划。但霍金曾警告人类，最好不要与外星人交流，高级智慧的外星人可能对地球人很不友好，会掠夺地球资源，甚至毁灭地球上的人类。

我国的科幻作家刘慈欣在谈及外星人话题时，表示探索外星文明的脚步不能停止。他认为，探索外星人和地外文明是现代科学研究的一个重要分支，不应该因为对外星人有恐惧感就停止对这项科学的研究和发展。

但刘慈欣也谈到，应该考虑到最坏的情况，就是我们现在并不知道宇宙文明社会的真实状况，甚至不知道宇宙文明是否存在。假如宇宙文明存在的话，它有多种可能性，有最糟的可能性，也有不好不坏的可能性，或者最好的可能性。但从负责任的角度讲，我们应该考虑到最糟的可能性，那就是说，在整个宇宙中，根本没有任何的道德准则，是一个零道德的宇宙。

如果哪天你在《新闻联播》里看到发现外星生命的大新闻，不要觉得太过突兀，因为这事还真有可能在将来成为现实。

果真如此的话，不论是哪一种情况、在哪一颗星球上发现，这个大新闻都将证明一点——只要有合适的条件，生命的诞生是必然的。

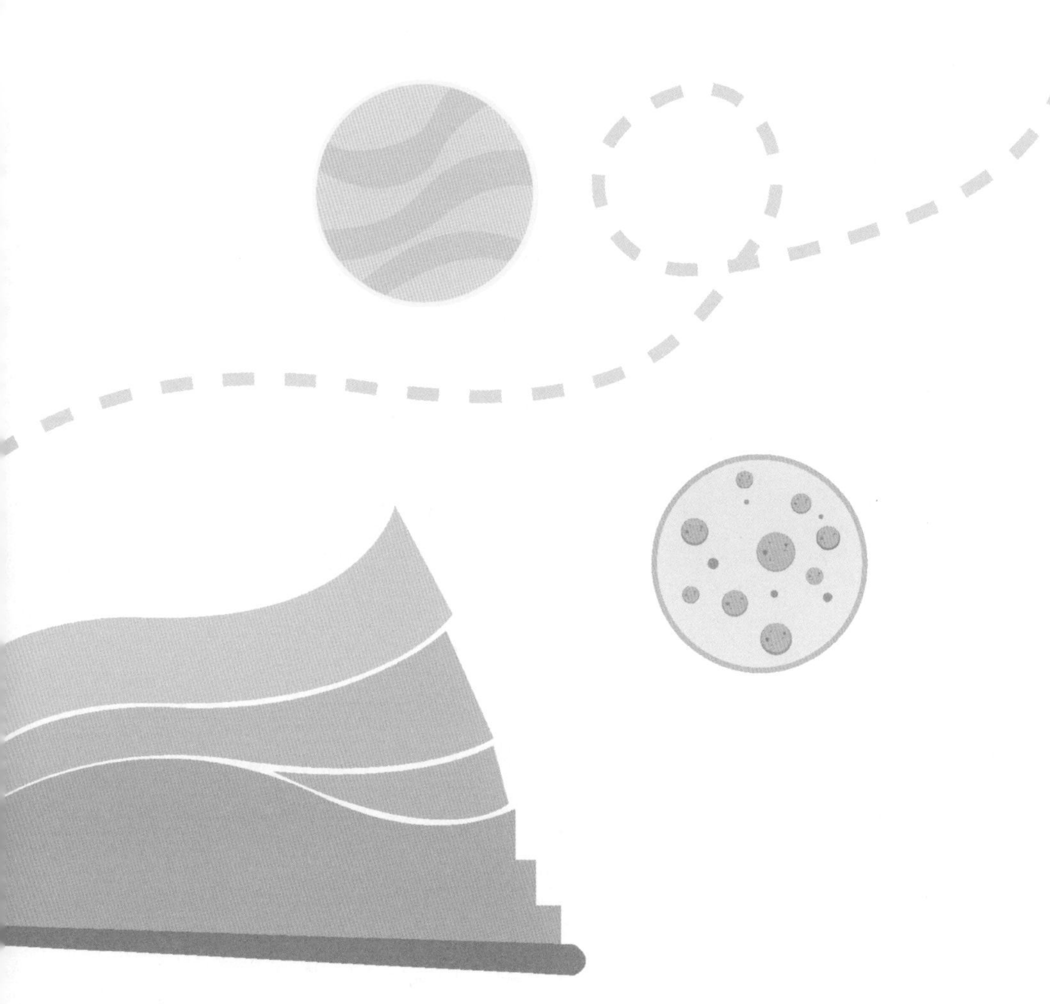